U0248687

季冻土力学特性及工程测试分析

孟上九　王　淼　著

科学出版社

北京

内 容 简 介

本书主要阐述季冻土的力学特性及工程测试分析方法，汇集了作者团队对季冻土工程特性研究的创新成果。全书共 7 章，内容包括季冻土研究的工程背景，季冻土试验结果离散性分析和制样新标准，季冻土静力特性，季冻土动力特性，季冻土工程现场测试新方法，季冻土路基温度、应力及变形测试新方法应用，季冻土变形数值模拟。光纤光栅、新型传感器、无线数据传输等新技术与岩土工程测试相结合是本书的研究特色。希望本书的研究成果能让更多的专家学者从不同视角了解季冻土，为季冻区工程建设提供技术支撑。

本书可为从事季冻土研究的科学工作者，以及季冻土工程咨询、设计、施工和维护的工程技术人员提供参考，也可作为土木工程、水利工程、交通运输工程、地质资源与地质工程等相关专业本科生和研究生的参考书。

图书在版编目（CIP）数据

季冻土力学特性及工程测试分析 / 孟上九，王淼著. —北京：科学出版社，2022.10

ISBN 978-7-03-071395-7

Ⅰ. ①季… Ⅱ. ①孟… ②王… Ⅲ. ①冻土物理力学性质－工程测试－分析方法 Ⅳ. ①P642.14

中国版本图书馆 CIP 数据核字（2022）第 015533 号

责任编辑：孟莹莹 赵朋媛 / 责任校对：樊雅琼
责任印制：吴兆东 / 封面设计：无极书装

科学出版社 出版
北京东黄城根北街 16 号
邮政编码：100717
http://www.sciencep.com

北京捷迅佳彩印刷有限公司 印刷
科学出版社发行 各地新华书店经销
＊

2022 年 10 月第 一 版　开本：720 × 1000　1/16
2022 年 10 月第一次印刷　印张：11 3/4　插页：3
字数：237 000

定价：99.00 元
（如有印装质量问题，我社负责调换）

作 者 简 介

孟上九，1971 年生，二级教授，博士，博士生导师。现任黑龙江科技大学校长、党委副书记。1994 年 6 月毕业于阜新矿业学院煤田地质专业（本科），1999 年 6 月毕业于中国地震局工程力学研究所岩土工程专业（硕士），2002 年 6 月毕业于中国地震局工程力学研究所岩土工程专业（博士），2003～2005 年在河海大学从事岩土工程学科博士后研究工作。之后，一直从事季节冻土力学特性与测试技术、土动力学与岩土地震工程等方向的研究。目前担任教育部土木类专业教学指导委员会委员、中国地震学会工程勘察专业委员会副主任委员、中国煤炭工业协会常务理事、中国岩石力学与工程学会环境岩土工程分会理事、《世界地震工程》期刊副主编等。

先后发表高水平论文 50 余篇，多数发表在《我国高质量科技期刊分级目录》入选期刊，近 20 篇论文发表在"2021 中国最具国际影响力学术期刊"（TOP 5%）入选期刊。主持国家自然科学基金项目、黑龙江省自然科学基金项目、黑龙江省科技攻关项目等 10 余项，参与国家高技术研究发展计划（简称 863 计划）、科技部科研院所社会公益研究专项等项目。2006 年获第三届黑龙江省杰出青年科技创新奖，2007 年、2009 年先后两次获中国地震局防震减灾科技成果奖二等奖，2015 年获中国地震局防震减灾科技成果奖一等奖，2016 年、2017 年先后两次获得黑龙江省科技进步奖三等奖。2009 年获黑龙江省高等教育教学成果奖一等奖，2022 年获黑龙江省高等教育教学成果奖特等奖。

前　　言

我国季冻土面积约占陆地面积的 53%，在东北、华北、西北等地区广泛分布。受冻融循环作用的影响，季冻区的基础设施特别是交通基础设施的工程性态和工程安全均面临严峻考验。随着经济发展，特别是随着国家"一带一路"倡议、东北振兴战略、西部大开发战略等的深入推进，在季冻区开展的基本设施规模及数量逐渐增大，季冻土工程问题越发受到关注。20 世纪五六十年代，立足于重大工程需求，我国拉开了冻土研究序幕。几代学者经历了近 70 年的不懈努力，在多年冻土和季冻土室内试验、现场测试和数值分析等领域取得了很多创新成果，也解决了诸多工程技术难题。

与多年冻土不同，季冻土在反复冻融过程中会衍生出若干特殊的科学和工程问题。作者自 2012 年开始关注季冻土工程性态相关问题，在前人工作基础上，以季冻区交通基础设施面临的主要问题为工程背景，组建了稳定的多学科交叉的季冻土防灾减灾研究团队，在季冻土室内试验方法、季冻土静动力特性、季冻土现场测试技术、季冻土温湿度传感器研发及季冻土路基性态数值模拟等方面获得了一些新认识。本书系统梳理了课题组近年来的研究成果，突出季冻土特色，旨在总结季冻土研究的新方法、新技术、新发现，结合 5G 时代大背景，部分成果融入"互联网＋季冻土性态"新思想，期望为季冻区工程设计、建设、安全及防灾减灾提供参考和支持，并为后续研究提供新思路。

本书由孟上九教授、王淼博士撰写，全书由孟上九教授审阅、定稿。感谢研究团队成员孙义强、张书荣、王钰、李想、庞大为、周智超、周健、荣广秋、郭妍秀等在室内试验、现场测试和数值模拟工作中的贡献。

本书的相关研究工作得到了国家自然科学基金项目"季节冻土在冻融循环与冲击型荷载协同作用下永久变形机理及分析方法研究"（51378164）的资助；感谢黑龙江科技大学、黑龙江省水利科学研究院和黑龙江省交通科学研究所提供的试验平台；感谢中国地震局工程力学研究所袁晓铭研究员提出的指导意见；感谢曹振中教授、汪云龙副研究员给出的关于光纤光栅技术应用的宝贵建议；感谢哈尔滨理工大学建筑工程学院林莉教授、程有坤老师等在现场测试中提供的帮助。

季冻土工程问题复杂多样，研究方法丰富，本书的研究成果无法包含所有领域和内容，在深度和广度上仍需完善，希望读者提出宝贵意见！

作　者
2022 年 6 月

目　　录

彩图

第1章 绪　　论

1.1　季冻土分布

季冻土一般指冬季冻结、夏季完全融化的土，主要分布于南北半球的高纬度地区，其厚度在北半球从北向南（南半球从南向北）逐渐减小[1,2]。季冻土早期的定义为"冻结一个季度并保持冻结 1~2 个夏天的土体、土壤和其他岩石"，认为季节冻结状态是年复一年的定期现象[3]。季冻土在我国分布十分广泛，约占陆地面积的 53%，覆盖了黑龙江、吉林、辽宁、北京、天津、河北、山东、河南、山西、陕西、内蒙古、宁夏、甘肃、四川、青海和新疆大部分地区，以及西藏和湖北的部分地区。

受环境影响，季冻土产生周期性的冻结、融化现象，其物理力学性质发生巨大改变，这给工程安全性、稳定性带来了隐患和挑战。冻土和季冻土特殊工程性态的研究一直受到研究者的广泛关注，20 世纪 30 年代，苏联学者崔托维奇发表了世界上第一篇关于冻土力学方面的论文，他对冻土力学的发展做出了开创性贡献。1937 年，崔托维奇和苏姆金共同撰写了《冻土力学基础》，这是有关冻土力学的第一本著作。之后崔托维奇的《冻土力学原理》出版，这一著作被认为奠定了冻土力学的基础。随后，诸多关于冻土的论著相继问世，如《正冻土、正融土和冻土力学原理》《冻土的流变性质及承载能力》《冻土变形研究》《土体蠕变和固结理论问题及其实际应用》《房屋建筑物与永久冻土的热力作用》《冻土研究》《全苏第八届地冰学讨论会资料》等，推动了这一学科的发展。1973 年，《冻土力学》出版，该书全面阐述了冻土力学的基本原理和重要规律，代表了当时国际上的最高水平，也是公认的内容充实、完善的冻土力学著作。1985 年，中国科学院兰州冰川冻土研究所张长庆、朱元林将此著作进行翻译，推动了国内冻土研究的发展[3]。

季冻土作为冻土的一种存在形式，由于其特殊的工程特性一直受到国内外学者关注，有关季冻土的研究可大体分为如下几部分。

（1）季冻土试验技术。季冻土试验技术包括试验仪器研发、试验新方法探索、试验技术改进、试验标准确立等。试验技术的发展决定着人们对季冻土工程性质的认知，目前季冻土室内外测试方法在不断发展，但仍不完善，特别是季冻土试验标准的科学性及规范化仍需探讨。

（2）季冻土强度特性。季冻土强度包括冻结阶段的强度和冻融循环下的强度。冻结阶段的强度由温度变化主导，试验结果的可靠性依赖于温控技术的提高。目前，对冻融循环下季冻土强度特性的认识存在较大争议，尤其是对冻融循环下抗剪强度指标的确定还难以达成一致认识，工程应用也因此受到限制。

（3）季冻土变形特性。季冻土在动荷载下的变形及冻胀变形等一直是研究重点。研究动荷载下季冻土的变形特性，应考虑工程背景（如交通车辆荷载等），一个需要关注的问题是以往用于永久冻土的试验工况和试验方法对季冻土能否继续适用，如试验围压和加载应力的选取等。

（4）季冻土现场测试。季冻土现场测试包括温度、应力和变形测试。面对季冻土复杂的测试环境，现场变形动态测试的数据准确性与现场适应性之间存在着矛盾。随着 5G 时代到来，互联网＋现场测试必将发挥巨大作用。

（5）季冻土试验及现场测试数值模拟分析。数值模拟分析需要通过室内试验获取关键参数，并结合现场测试结果，来提供可靠的工程问题解决方案。同时，数值模拟还可大大减少试验工作量、提高工作效率。

以上研究内容中，试验是基础性工作，现场测试是理论分析与工程应用之间的桥梁纽带，这两部分内容是本书阐述的重点。

1.2 季冻土工程灾害

季冻土的冻结、融化过程会引发一系列工程病害，包括冻胀、融沉、翻浆、路面开裂、边坡滑塌、疲劳破坏等。受温度控制，土中水发生相变，导致土体密度、体积发生变化，力学性能随之改变。同时，水分迁移和重分布会引发季冻土冻胀灾害。在融化过程中，固结排水会导致融沉灾害。在季冻土冻融全过程中，融化期的土强度较弱，大量工程问题在这一敏感时段出现。以交通工程为背景，在车辆荷载作用下，季冻土路基易在春季融化期发生沉陷，导致路面开裂、翻浆等。

例如，建于内蒙古与黑龙江交界处的牙林铁路和嫩林铁路，两项工程投入使用以来，均出现了典型的冻融工程病害[3]。其中，牙林铁路中线（242～440km，长度为198km）共有路基下沉地段183处，累计长度为27.4km，冰锥、冻胀丘共5处，累计长度为170m；牙林铁路西线（潮乌线）有下沉地段42处，累计长度为6.1km，冻害28处共600m；在冻胀、融沉作用下，牙林铁路部分车站房屋开裂破坏比较严重。嫩林铁路共有路基下沉地段133处，累计长度为49.1km，占多年冻土总长度的45.5%，占线路总长度的10%[4]。由于301国道穿越了季冻区，工程灾害频发，其中以道路融沉灾害最为严重，同时，路面翻浆灾害也不鲜见[5]。

图1.1（a）、（b）所示分别为冻融造成的道路灾害典型形式——冻胀和融沉，图1.1（c）、（d）所示分别为冻融造成的其他两种道路灾害典型形式——沉陷和翻浆，图片是作者收集统计及春融期对哈尔滨市区内各大主干道路灾害调查过程中拍摄的[1]。

(a) 冻胀 　　　　　　　　　　　　　　　　　 (b) 融沉

(c) 沉陷

(d) 翻浆

图 1.1　冻融灾害的主要表现形式

在多年冻土区及季节冻土区建设的工程设施中都存在不同程度的工程病害，有些还十分严重，如南疆铁路吐库段、青藏铁路（格尔木—拉萨段和环青海湖段）、中俄原油管道（漠河—加格达奇段）、北黑高速公路、吉图珲铁路客运专线、莫斯科—喀山高速铁路等[6-12]。部分工程甚至陷入"坏了就修、修了再坏"的恶性循环怪圈，不仅后续维护支出费用高，也无法保证道路运营安全性和驾乘舒适性。

1.3 季冻区工程建设

大战略带动大工程，大工程呼唤大安全。随着国家"一带一路"倡议、东北振兴战略、西部大开发战略等的实施，季冻区的基础设施建设也迎来了大发展，一大批重大工程和重点项目或已启动实施，或在酝酿规划。

"一带一路"倡议中的"设施联通"指的是以公路、铁路、水运等互联互通为代表的交通基础设施建设，对"一带一路"倡议起着先导和支撑作用。而大规模交通基础设施的建设不可避免要与分布广泛的季冻区相交汇，如巴基斯坦喀喇昆仑公路二期项目、匈塞铁路项目、土耳其高速铁路项目、蒙内铁路项目、京莫高铁项目、敦格铁路等[13-16]，这些均部分或全部位于季冻区。

尽管部分冻土工程问题可通过换填、阻断补给水源、冷却地基、改变施工工艺等方式得到适当处置，但季冻土相关工程的系统治理问题仍未得到很好解决。而季冻区工程设计标准问题和施工质量问题是上述工程问题的主因，设计标准问题又与相应技术规范不完备和研究不深入有关，这也是作者对此开展专题研究的初衷。

1.4 季冻土现有测试技术面临的挑战

季冻土力学特性的变化受多因素影响，但由温度主导。温度变化可引起土颗粒特性、水的状态发生改变，加之冻融过程中多因素的共同作用，使得整个冻融过程存在许多有待深入研究的工程问题，如负温下土强度的变形特性、冻胀融沉特性、蠕变特性、冻结过程中的水分迁移规律、冻融循环下的强度变化、冻融过程中的静动力特性、现场测试技术等，这些问题的解决依赖于试验技术和方法的发展，也在很大程度上决定了人们对季冻土力学特性的认识。季冻土研究涉及大量的室内、室外试验与测试，其中室内试验包括低温三轴试验、冻融循环三轴试验、动三轴试验、冻胀试验、电阻率试验、计算机断层扫描（computer tomography，CT）试验、压汞试验、超声试验等。室外测试通常为有关季冻土工程地基的温度场、水分迁移场、变形等特性的测试。室内、室外试验可以从不同角度揭示季冻土力学及工程特性,为季冻区工程设计及稳定性分析提供依据。

区别于常规土类,季冻土在冻融循环作用下的特性带来了试验技术上的挑战。在室内试验方面,目前对季冻土力学特性的认识主要依靠三轴试验,而当前季冻土三轴试验无规范可循,只能按常规试验标准进行,制样上的误差导致试验结果离散性较大,工程上难以运用。而进行季冻土三轴试验时,对温控系统、加载系统、围压系统等均有更高的要求。现场测试面临的挑战更大,面对极端温度环境、交通荷载的耦合影响,如何实现季冻土温度、应力和变形的高精度实时测试,也是需要关注和探讨的关键问题。

1.5 主 要 内 容

国内在冻土方面的研究已发展了几十年,取得了显著成果并已应用于众多工程。本书总结课题组近年来在季冻土研究方面的阶段性研究成果,以季冻土试验技术改进和现场测试新方法的提出为主要工作思路,在制样标准上实现创新,对季冻土试验技术和试验工况进行必要改进,揭示季冻土静动力特性,提出季冻土温度、变形测试新方法,研发基于无线蓝牙技术的温度传感器、基于光纤布拉格光栅(fiber Bragg grating,FBG)的路基变形监测传感器等。同时,结合室内试验获取的季冻土力学相关参数和现场测试结果,模拟季冻土室内三轴试验和冻胀试验,分析实际路基的变形特性和冻胀特性。

参 考 文 献

[1] 王淼. 季冻土力学特性及试验技术研究[D]. 哈尔滨:中国地震局工程力学研究所,2017.

[2] 马巍,王大雁. 冻土力学[M]. 北京:科学出版社,2014.

[3] 崔托维奇. 冻土力学[M]. 张长庆,朱元林,译. 北京:科学出版社,1985.

[4] 赵英辰. 中国高纬度多年冻土地区铁路工程病害的防治研究:中国土木工程学会第十届年会论文集[C]. 北京:中国建筑工业出版社,2002:234-239.

[5] 杨晓明. 岛状多年冻土地区路基路面稳定性研究[D]. 西安:长安大学,2001.

[6] 王智辉. 南疆铁路吐库段 K207+000~K261+500 段冻害治理方法探讨[J]. 中国西部科技,2009,8(20):6-8.

[7] 杨楠. 青藏铁路西格段环青海湖季节性冻土区铁路路基冻害成因分析[J]. 铁道建筑技术,2017,12:96-98,119.

[8] 程佳,赵相卿. 青藏铁路格尔木—拉萨段地质病害分布特征[J]. 甘肃科技,2011,27(4):36-37,46.

[9] 杨思忠,金会军,于少鹏,等. 中俄输油管道(漠河—大庆段)主要冻土环境问题探析[J]. 冰川冻土,2010,32(2):358-366.

[10] 王永平,金会军,李国玉,等. 漠河—加格达奇段多年冻土区中俄原油管道运营以来的次生地质灾害研究——以 MDX364 处的季节性冻胀丘为例[J]. 冰川冻土,2015,37(3):731-739.

[11] 张娇娜,阚文广. 北安至黑河高速公路工程及地质状况调查[J]. 科技创新与应用,2012,9:141.

[12] 韩龙武，蔡汉成，程佳，等. 莫斯科—喀山高速铁路沿线季节性冻土冻融特征[J]. 交通运输工程学报，2018，18（3）：44-55.

[13] 卢春房. 铁路联通，拉动"一带一路"融合发展[N]. 人民政协报，2020-05-27（17）.

[14] 吴蕊. 中国铁路"走出去"项目的风险及防范对策研究[D]. 北京：北京交通大学，2019.

[15] 安娜. 京莫国际高铁项目风险管理研究[D]. 哈尔滨：哈尔滨工业大学，2018.

[16] 尚永毅. 中越北仑河大桥跨国公路工程项目合作建设管理研究[D]. 西安：长安大学，2017.

第2章　季冻土试验结果离散性分析和制样新标准

2.1　概　　述

三轴试验是研究季冻土力学性能的重要手段，区别于常规土，季冻土增加了冻结融化阶段，这一特点使得季冻土试验较常规土试验更加复杂。

对于冻融循环下的三轴试验，其加载过程与常规土三轴试验基本一致，不同之处在于试验前要进行冻融循环，目前常用的冻融循环方法为低温箱冻结融化，即同批试样制样完成后，依据工程背景设置冻结温度，稳定一段时间，待试样冻结基本完成后再设定融化温度，试样完全融化后再进行试验。这一过程导致冻融循环三轴试验结果离散性极大，连黏聚力和内摩擦角的变化规律都难以把握。因此，需进一步探讨冻融循环下三轴试验结果离散性的原因，进一步明确降低试验结果离散性的措施。

季冻土试验研究还处于发展阶段，在季冻土冻结融化过程中，涉及水分、变形、孔隙、结构、颗粒组分等一系列变化，实际上冻结融化过程就是导致试验结果离散的主要原因，试验结果的离散性也导致研究成果很难在工程上得到普遍应用[1]。因此，很多学者，包括作者所在团队也一直致力于试验方法的改进，以降低试验结果的离散性，为工程应用提供更多选择。本章重点分析季冻土试验结果的离散性问题，探讨控制季冻土三轴试验结果稳定性的方法，并最终给出解决方案和制样新标准。

2.2　季冻土三轴试验结果离散性问题

2.2.1　冻融循环下季冻土三轴试验研究现状

冻融循环作用使得季冻土区别于常规土和永久冻土，由于试验技术的限制，早期对于冻融循环下土力学特性方面的研究主要集中在冻融循环对孔隙水压力、渗透系数、回弹特性等方面的影响。Graham 等[2]提出，冻融循环下，黏土破坏时，其孔隙水压力比未冻融黏土高，强度比未经冻融土低。Benson 等[3]将直径为 298mm、厚度为 914mm 的大直径击实黏土放到野外冻融 60 天，然后测量其渗透系数，结果表明，试样整体的渗透系数本质上没有改变，冻结线以上试样的渗透系数增加了 1.5～2 个数量级，试样顶部的渗透系数最高，随着深度的降低，渗透系数逐渐降低。Simonsen 等[4]利用变围压三轴试验和固定围压三轴试验研究了冻结和融化过程中土的回弹特性，给出了两种试验条件下土回弹特性的差异。Simonsen 等[5]选取了五种路基材料进行研究，发现冻融循环后路基材料的弹性模量均降低，并给出了冻融循环过程中弹性模量与温度的关系曲线。

随着经济发展，交通工程建设规模逐步增大，冻融循环引起的路基沉陷、翻浆等灾害也受到越来越多的关注，而冻融循环作用引起的路基病害与路基抗剪强度变化关系密切。因此，冻融循环下的土抗剪强度指标变化规律就成了重要的研究课题。

Wang 等[6]选取青藏铁路细粒黏土，在封闭系统下进行了 21 次冻融循环，得出了冻融循环后试样高度、含水率、应力-应变关系、破坏强度、弹性模量、黏聚力和内摩擦角的变化规律。结果表明，7 次冻融循环之后，冻土试样的高度和含水率趋于稳定，应力-应变曲线形式未受到冻融循环的影响，弹性模量下降 18%～27%。15 次冻融循环后，黏聚力降到最低，由 0.55MPa 降低到 0.19MPa，而内摩擦角呈波动变化，甚至有增加的趋势，主要试验结果如图 2.1 所示。

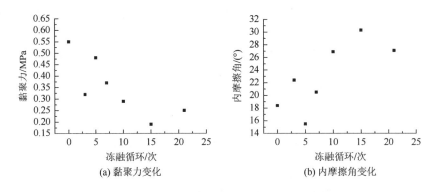

(a) 黏聚力变化　　　　　　　　(b) 内摩擦角变化

图 2.1　冻融循环下青藏铁路细粒黏土黏聚力和内摩擦角变化规律[6]

Qi 等[7]以粉质黏土和兰州黄土为研究对象，得出土试样在冻融循环下存在一个临界干密度，在小于临界干密度的情况下，黏聚力增大，在大于临界干密度的情况下，黏聚力减小，内摩擦角变化不大。

于基宁[8]基于直剪试验，以青藏高原粉质黏土为研究对象，采用无压三向冻结方法对相关参数进行测试，结果表明，经 5 次冻融循环后，土的黏聚力和内摩擦角趋于稳定，黏聚力降低 50% 左右，内摩擦角降低 2°～3°。利用自行研制的低温三轴试验仪，采用有压三向冻结方法测量得到冻融循环下的青藏高原粉质黏土黏聚力在第一次冻融后降低 64.5%，之后变化不大；而内摩擦角随着冻融循环次数的增加而不断增大，可以用某一关系式描述。

常丹等[9]基于常规静三轴试验，得出随着冻融循环次数的增加，青藏高原粉砂土黏聚力逐渐减小，经 9 次冻融循环之后趋于稳定，比未冻融土降低约 50%。内摩擦角先减小后增大，在 7 次冻融循环后达到最小值，主要试验结果如图 2.2 所示。

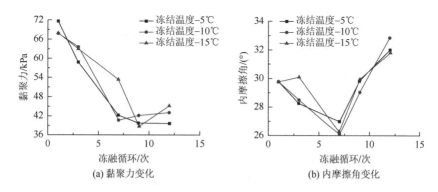

图 2.2　冻融循环下青藏高原粉砂土黏聚力和内摩擦角变化规律[9]

方丽莉等[10]以青藏高原粉质黏土为研究对象，通过 CT 研究土的黏聚力变化规律，得出土体经历冻融循环后黏聚力会增大。经电阻率测试，得出土的内摩擦角随冻融循环次数的增加而增大，主要试验结果如图 2.3 所示。

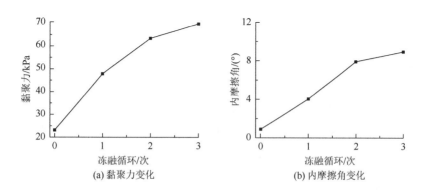

图 2.3　冻融循环下青藏高原粉质黏土黏聚力和内摩擦角变化规律[10]

王静[11]通过常规三轴试验，选取三种塑性指数不同（1～3号土分别为10.7、15.98和21.93）的路基土，指出塑性指数不同的三种路基土的抗剪强度随着冻融循环次数的增加而降低，经6～7次冻融循环后趋于稳定，但是黏聚力和内摩擦角变化规律不明显，主要试验结果如图2.4所示。

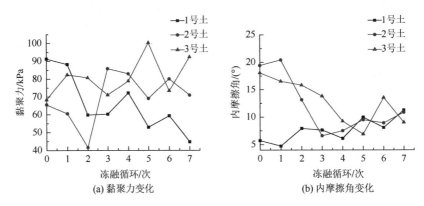

图2.4　冻融循环下塑性指数不同的路基土黏聚力和内摩擦角变化规律[11]

苏谦等[12]以青藏铁路多年冻土区斜坡路基黏土为研究对象，并考虑密度和含水率影响，研究结果表明，冻融循环下，低密度黏土黏聚力增大，高密度黏土黏聚力减小，冻融循环作用对内摩擦角的影响较小，经历10次冻融循环后，黏聚力及内摩擦角趋于稳定，主要试验结果如图2.5所示。

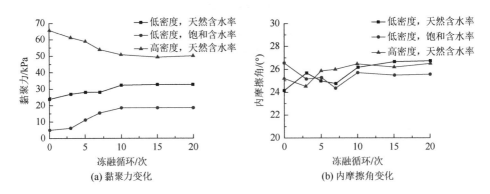

图2.5　考虑密度和含水率影响的冻融循环下青藏铁路黏土黏聚力和内摩擦角变化规律[12]

董晓宏[13]基于直剪试验，考虑密度和含水率的影响，得到冻融循环下黄土黏聚力和内摩擦角的变化规律，结果表明黏聚力先减小后增大，在10次冻融循环内达到最低值，内摩擦角基本不变，主要试验结果如图2.6所示。

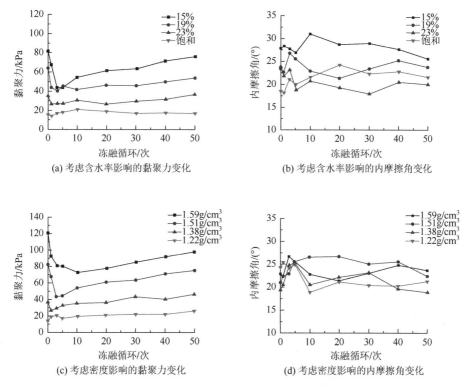

(a) 考虑含水率影响的黏聚力变化　　　　　(b) 考虑含水率影响的内摩擦角变化

(c) 考虑密度影响的黏聚力变化　　　　　(d) 考虑密度影响的内摩擦角变化

图 2.6　考虑含水率和密度影响的冻融循环下黄土黏聚力和内摩擦角变化规律[13]

　　王铁行等[14]基于直剪试验，以非饱和原状黄土为研究对象，经 3 次冻融循环，结果表明土的黏聚力减小，内摩擦角增大。考虑含水率影响，结果表明含水率较低时，冻融循环对黄土的黏聚力和内摩擦角几乎不产生影响。含水率高时，随着冻融循环次数的增加，土的黏聚力减小，内摩擦角增大，主要试验结果如图 2.7 所示。

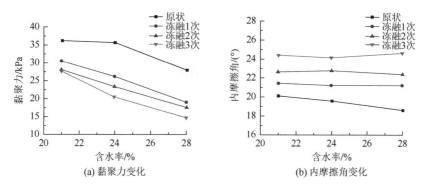

(a) 黏聚力变化　　　　　　　　　(b) 内摩擦角变化

图 2.7　考虑含水率影响的冻融循环下黄土黏聚力和内摩擦角变化规律[14]

张辉等[15]以黄土为研究对象，基于直剪试验，考虑含水率（20.5%）和冻结温度的影响，采用 7 次冻融循环，得出黄土黏聚力随冻融循环次数的增加而呈指数减小趋势，内摩擦角增大 1°～2°，主要试验结果如图 2.8 所示。

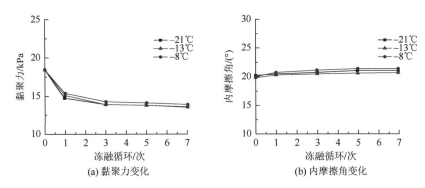

(a) 黏聚力变化　　　　　　　　　　　(b) 内摩擦角变化

图 2.8　考虑含水率和冻结温度影响的冻融循环下黄土黏聚力和内摩擦角变化规律[15]

相比于常规土抗剪强度试验研究，冻融循环试验要复杂得多，导致冻土抗剪强度指标的试验研究相对较少。从有限的试验结果中可以看出，目前对于冻融循环下土的抗剪强度指标的变化规律存在较大争议：对于黏聚力的认识相对比较统一，认为冻融循环下土的黏聚力不断降低，只有个别研究结论显示存在黏聚力增大的现象；而对于冻融循环下土的内摩擦角变化规律的争议很大，增大、减小、无规律、基本无变化、先增大后减小等结论均存在。抗剪强度指标是工程上必需的基本参数，以往人们对冻融循环下的抗剪强度指标存在争议，很难为季冻区工程问题提供有效支持，因此分析试验结果产生离散的根源十分重要。以往研究结果大多采用三轴试验获得，且均采用封闭系统，排除必要的试验误差，试验结果应该具有定性上的一致性。然而实际情况是，即使土的性质相同，试验结果也可能存在定性上的差异。由此可见，冻融循环下的抗剪强度指标试验研究还未成熟，需要进一步探索试验结果产生较大差异的原因，揭示冻融循环下季冻土的抗剪强度指标变化规律。

2.2.2　冻融循环下试验结果离散性原因剖析

抗剪强度指标上的争议在常规土试验中很少出现，对季冻土而言，虽然冻融循环过程导致了试验结果的离散，但经过长时间的季冻土试验探索，研究发现季冻土试验制样标准对试验结果有重要影响，主要体现在两个方面：一方面，季冻土试验制样无规范可循，现行规范没有考虑季冻土三轴试验的特殊性，没有针对季冻土特殊性明确给出具体的标准规定，使得季冻土三轴试验制样只能按照常规土制样标准规定进行；另一方面，冻融循环作用会放大试验试样的密度离散性，导致试验结果产生偏差，这极有可能是导致季冻土试验结果离散的根源。

这里所说的试验试样密度离散性标准，实际上指的是重塑土试样试验前的初始状态一致性或结构一致性指标。对于常规土三轴试验，规范中明确规定的试验指标有试样的粒度、湿度和密度离散性，这三个指标能够很好地反映试样初始状态的一致性。规范的目的在于保证大部分试验能够得到可靠的试验结果，考虑规范的可接受性和试验的可操作性，季冻土试验指标要考虑试样的粒度、湿度和密度离散性。而对于同一批试样，在试验中基本能够很好地保证粒度和湿度的均匀，保证粒度和湿度对试验结果的影响在可允许的范围内，因此试样成型后，密度离散性就成了控制试样一致性的最关键指标。制样的密度离散性标准决定批量土试样是否有一致的力学特性，也在很大程度上决定着重塑土试验结果的可靠性。因此，对于季冻土试验，制样密度离散性标准十分重要，是试验结果离散性的决定性因素。当然，试样的密度离散性标准并不是反映试样初始状态一致性的唯一指标，但其易接受且易获取，所以备受关注。

2.2.3　常规制样标准下试验结果离散性分析

季冻土试验相关规范较少，国内相关规范主要有《冻土工程地质勘察规范》（GB 50324—2014），其中对于冻土试验的要求主要针对现场勘察试验，未对室内扰动土试验做出规定。季冻土试验只能遵循《土工试验方法标准》（GB/T 50123—2019）和《公路土工试验规程》（JTG 3430—2020），两个规范中对于试样制备的规定分别为"制备试样密度、含水率与制备标准之差值应分别在 $\pm 0.02\text{g/cm}^3$ 与 $\pm 1\%$ 范围以内，平行试验或一组内各试样之差值要求分别为 0.02g/cm^3 与 1%"和"同一组试件或者平行试件的密度、含水率与制备标准之差值应分别在 $\pm 0.1\text{g/cm}^3$ 与 $\pm 2\%$ 范围以内"。由于需要较高的制样精度，通常选取的密度离散性标准为批量制样满足 $\pm 0.02\text{g/cm}^3$，平行试验试样满足 $0.02\text{g/cm}^{3[16, 17]}$。

目前，季冻土试验沿用常规土试样制备标准，分为击实法和压样法，其中《土工试验方法标准》（GB/T 50123—2019）和《公路土工试验规程》（JTG 3430—2020）中规定：对于三轴试验试样的制备推荐分层击实法，但由于冻融循环试验需要大批量的试样，很多学者会选择压样法作为试样制备的首选方法。常规土试验中采用压样法制备试验试样也能够满足工程基本需要，如图 2.9 所示，郑郧等[18]通过改良的压样法制样，制样密度离散性满足《土工试验方法标准》（GB/T 50123—2019）规定的常规土试验制样标准，然后进行单轴压缩试验。选取三组平行试样，试验结果存在波动区间，在均值 15%范围内波动，这一试验结果揭示了季冻土试验按照常规土试验标准所产生的误差范围，同一标准下，采用分层击实法会得到类似的结果。

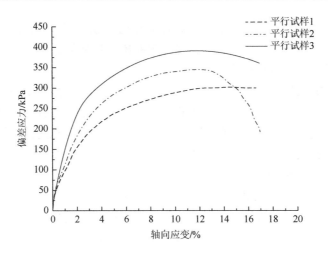

图 2.9　常规制样标准下土的应力-应变曲线[18]

　　常规制样标准对季冻土试验的适用性还鲜有探讨。作者经过长期试验探索，认为以往试验结果存在争议的首要原因就在于常规制样标准不适用于季冻土试验。对于季冻土试验，作者按照常规制样标准，选取三组平行试样进行三轴压缩试验，经历多次冻融循环之后，试样的应力-应变曲线的离散程度会被放大。如图 2.10 所示，常规制样试验标准下，经历多次冻融循环后，季冻土的应力-应变曲线峰值离散程度可达±30%～50%，尤其是采用低标准的单层压样法时，经历冻融循环后，其结果离散性会更大。

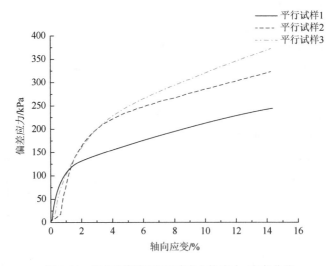

图 2.10　常规制样标准下季冻土的应力-应变曲线

经历多次冻融循环之后，土的应力-应变曲线的离散程度过大时，其抗剪强度指标离散程度也将变大。如图 2.11 所示，实线为莫尔圆及抗剪强度包线的平均值，当静强度离散程度达到 30%的时候，莫尔圆出现两种极限情况。实际试验中，莫尔圆可以出现在上限和下限之间的任何一个位置，但如果静强度离散程度很大，黏聚力可能出现两种极端情况，即黏聚力最小、内摩擦角最大和黏聚力最大、内摩擦角最小，土抗剪强度指标会产生较大的离散区间，如图 2.11 所示。

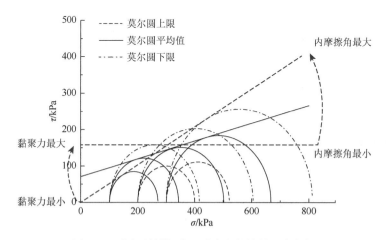

图 2.11　常规制样标准下季冻土的抗剪强度指标

在这种情况下，冻融循环对土强度指标的影响规律完全被误差掩盖，我们无法得到正确的认识。为了直观表示抗剪强度指标中黏聚力和内摩擦角的分布情况，通过冻融循环下土莫尔圆的离散程度，考虑黏聚力和内摩擦角为正的客观条件，计算黏聚力和内摩擦角可能的分布情况。以黏聚力为横坐标，内摩擦角为纵坐标，绘制常规制样标准下季冻土的抗剪强度指标分布区间，如图 2.12 所示。

图 2.12 中，阴影部分为常规制样标准下季冻土黏聚力和内摩擦角可能的分布区间，黑色的点为季冻土抗剪强度指标的可靠值。由图可知，常规制样标准下，季冻土黏聚力的最大离散程度超过了可靠值的 120%，内摩擦角最大离散程度超过了可靠值的 110%。因此，常规土制样标准不适用于季冻土三轴试验。

季冻土制样标准决定季冻土试验结果的离散程度，冻融循环作用会增强试验试样的密度离散性，导致试验结果不稳定。由于季冻土试验无专门的试验规范，季冻土三轴试验批量试样制备的密度离散性标准只能遵循常规土制样标准。

接下来分析季冻土制样方法现存问题和试验标准的不适用性，探讨冻融循环对土试样密度离散性的放大作用，明确季冻土制样密度离散性对季冻土三轴试验结果离散性的影响程度，选取密度离散性作为控制批量土试样一致性或结构统一

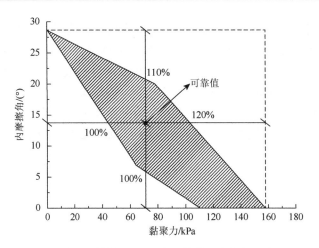

图 2.12　常规制样标准下季冻土抗剪强度指标分布区间

性的关键控制标准。同时，通过大量试验，验证提出的季冻土三轴试验制样新标准。

2.3　季冻土三轴试验常规制样方法

季冻土试验制样目前尚无规范可循，涉及季冻土三轴试验的制样参考《土工试验方法标准》（GB/T 50123—2019）、《公路土工试验规程》（JTG 3430—2020）中试样采集和制样的相关规定。两个规范均涉及两种制样方法，即压样法和分层击实法。对于三轴试验，两个规范均推荐分层击实法。由于冻融循环试验需要大量的试验试样，且压样法有快速、质量损失小、试件高度均匀的优点，是试样制备的首选。在季冻土试验中，压样法是制样的主流方法。下面详细介绍两个规范中对制样的规定和两种试样制备方法。

2.3.1　压样法

压样法的主要流程如下：按要求配置一定质量的土，按照试样设计规格，计算试样湿土质量，将一个试样所需土倒入压模内，将土表面抚平，利用千斤顶或万能试验机等以静压力将土压至一定高度，再用推土器将试样推出。压样法制样工具主要包括千斤顶、试样筒、不同长度规格的推土器，为了减少制样的人力劳动，也可以采用万能试验机进行压样和脱模。图 2.13 为利用万能试验机进行土试样制备的一般过程。

(a) 压样工具及压样过程

(b) 脱模过程

图 2.13　压样法制样的一般过程

　　压样法追求的是土质量无损失、试样规格一致、快速、减少人力劳动，但在实际操作中，压样法制样精度受诸多因素影响，具有很多局限性，很难达到理想结果。压样法制样的局限性主要体现在如下几个方面。

　　（1）通常采用整体压样，压样的过程中接触端较为密实。

　　（2）压样完成后，试样在脱模过程中，脱模端变得越来越密实，即使以很慢的速度脱模，试样也会小于设计高度。如图 2.14 所示，试样在脱模之后高度缩短达 0.5cm，批量制样后的试样高度均有不同程度的缩短，这种量级的误差在试验中是无法被接受的。

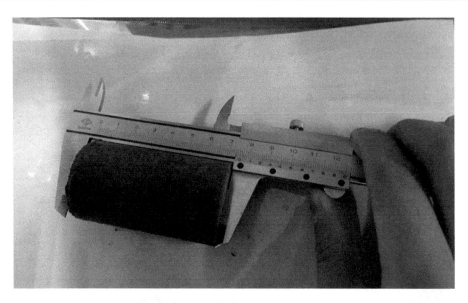

图 2.14　采用压样法脱模后的试样（见书后彩图）

（3）通常情况下，采用压样法制样完成后，会出现两种情况，即试样一端密实而一端松散或者两端密实而中间松散，导致试样本身的密度离散性很大。以总质量除以体积计算得出的密度难以反映试样的真实密度，原因就是脱模后的试样密度不均匀。

（4）脱模之后，试样会产生一定回弹，导致体积变化，且试样底部易产生破损，影响完整性。

从工程角度上讲，压样法可以说是试验试样制备的最低标准，这种方法很难满足《土工试验方法标准》（GB/T 50123—2019）中规定的密度离散性（$\pm 0.02 \mathrm{g/cm^3}$ 和 $0.02 \mathrm{g/cm^3}$）要求，仅仅能满足《公路土工试验规程》（JTG 3430—2020）要求的较低标准（$\pm 0.1 \mathrm{g/cm^3}$）。鉴于压样法的不足，在实际应用中也相应采取了改进措施，如分层压实或者两端压实等，这样尽管可弥补部分缺陷，但仍无法适用于季冻土三轴试验。就季冻土三轴试验而言，压样法在制样精度方面的局限性将直接导致试验结果的离散性，尤其是采用低等级压样法的试样在经历冻融循环之后，试验结果离散性将被进一步放大，会超过前面讨论过的误差范围，因此压样法不适用于季冻土三轴试验。

2.3.2　分层击实法

分层击实法是一种误差较小的试样制备方法，也是规范中推荐的常规三轴试验制样方法，成样如图 2.15（e）所示。分层击实法的优点是每一层试样的密度较为均匀，但制样过程中会有部分质量损失。《土工试验方法标准》（GB/T 50123—2019）中对密度离散性的规定值为 ±0.02g/cm³、0.02g/cm³，《公路土工试验规程》（JTG 3430—2020）中对密度离散性的规定为 ±0.1g/cm³。针对要求较为严格的常规土试验，《土工试验方法标准》（GB/T 50123—2019）中规定的密度离散性可以保证试验结果的可靠性。

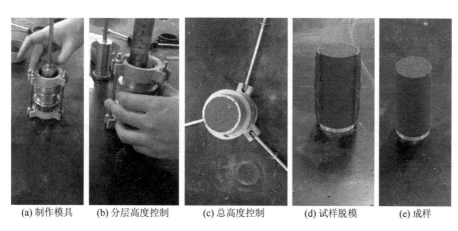

(a) 制作模具　　(b) 分层高度控制　　(c) 总高度控制　　(d) 试样脱模　　(e) 成样

图 2.15　分层击实法制样过程

　　对于季冻土三轴试验，通过文献成果对比及长期试验探索发现，分层击实法规定的密度离散性标准仍无法满足季冻土试验要求，原因就在于冻融循环作用会放大试验试样的密度离散性，导致试验结果失真。因此，对于季冻土三轴试验，选用分层击实法制样时应采取更为严格的操作方法，主要体现在两个方面，即严格控制分层厚度和每层的锤击数。

2.4　季冻土三轴试验制样新标准

2.4.1　冻融循环下土试样离散性

　　冻融循环下的三轴试验与常规土试验相比，增加了冻结融化这一过程，使得季冻土三轴试验结果离散性大大提高。冻结融化是一个非常复杂的过程，这一过程使得季冻土试样的体积、孔隙等一系列物理性质发生改变，导致密度离散，进而影响土试样的力学特性。对于季冻土试验，即使是测试静强度这种简单试验也比常规试验复杂得多，需要更为严格的密度控制标准。

只有试验试样处于基本相同的初始状态时，试验得到的结果规律才是可靠的。规范中规定三轴试验制样的粒度、湿度和密度离散性，其目的在于保证土试样物理状态的初始稳定性，将离散性控制在允许误差范围之内。对于规范中规定的三个指标，同批土试样的粒度和湿度基本可以保证均匀，密度就成了评价土试样初始状态是否一致的关键指标。现行规范中对于土试样密度一致性的标准较为宽松，这一标准仅能保证常规土试验的结果稳定，对于季冻土试验，冻融循环会提高土试样密度的离散性，导致试验误差超出允许范围。每次冻融循环都会使试样密度离散性进一步提高，图 2.16 所示为冻融循环下土试样密度离散性发展规律示意图，对于常规土试验，可以选取 δ 作为密度离散性的标准，δ 可以是《公路土工试验规程》（JTG 3430—2020）中规定的 $\pm0.1\text{g/cm}^3$，也可以是《土工试验方法标准》（GB/T 50123—2019）中规定的 $\pm0.02\text{g/cm}^3$ 和 0.02g/cm^3，视具体试验要求，选取的密度离散性标准需基本保证常规土试验结果的可靠性。但对于季冻土，经历多次冻融循环作用之后，试样密度离散性 δ 就会不断放大到 δ'，超出允许的误差之后，我们便无法从这样的试验结果中得到规律性认识。

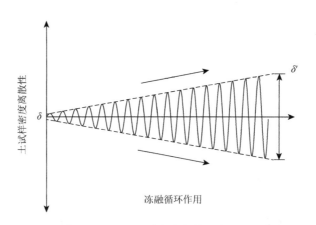

图 2.16　冻融循环下土试样密度离散性发展规律示意图

2.4.2　提高季冻土三轴试验结果稳定性的途径

国内目前尚无考虑季冻土三轴试验标准的规范，只能采用常规三轴试验标准。通过对冻融循环下土抗剪强度指标研究现状的总结可以发现，以往季冻土抗剪强度指标变化规律试验均按照常规试验标准进行，如果忽略人为和系统误差，其试验结果在趋势上应该具有一致性，但实际上，试验结果差异性却很大，就连黏聚力和内摩擦角这样的基本参数都存在测量差异，原因就在于季冻土试验标准与常规试验标准互不兼容，不能照搬。加之冻融循环作用又进一步放大了密度离散程度和试验误差，导致结果失信。因此，对于季冻土三轴试验，制样密度一致性标准应比常规试验标准更为严格。

事实上，已有学者意识到试验标准的重要性。按现行规范，粒度、湿度和密度离散性三个标准是控制重塑土试样结构一致性的关键。太沙基最早对土结构性重要性进行了阐述[19]，沈珠江[20]提出将土的结构作为土力学的核心问题。谢定义等[21, 22]总结了研究土结构性的三大途径：第一是微观研究，依赖于微观测量及计算机技术的发展；第二是固体力学方法，通过数学模型反映土的宏观力学性能；第三是根据土的性质确定土性参数。在冻土的研究中，和礼红等[23]参考谢定义等提出的综合结构势概念，提出了冰率的概念，并分析了冰率与含水率和压实度之间的关系。贾宝新等[24]、丑亚玲等[25]通过微观和宏观的方法研究了冻结和融化引起的冻土结构的变化。蒋先刚[26]通过三轴试验，讨论了温度、含水率、密度对冻结黄土结构性的影响。郑郧等[27-29]通过定量研究探索了冻融循环对土结构的影响，提出了"冻融结构势"的概念，基于自行研制的制样机，提出了一种制作一定结构的超固结重塑土试样的方法，该方法属于压样法，可以将松散土一次压制成型。

重塑土初始状态的一致性或结构一致性非常重要，将直接影响土的力学特性。现有规范中试验标准的制定目标是保证大部分试验结果稳定，引入的结构性参数较多。因此，考虑规范的可操作性，针对规范中规定的粒度、湿度和密度离散性这三个标准，选用密度一致性标准作为控制重塑土初始状态一致性的关键指标，并探讨季冻土制样新标准。

当试验土试样密度离散性超出允许范围，且冻融循环作用又进一步提高土试样的密度离散性时，试验结果就会发生较大离散并导致结果失信。但是不能由此认定冻融循环土的力学特性无规律，只能说标准缺失和人为因素掩盖了其变化规律，解决问题的出路在于提出新的制样标准以降低试验结果的离散性，在实现路径上有以下两种选择。

（1）减少冻融过程。没有冻融过程，土试样的密度离散性就不会被放大，因此减轻冻融循环作用能降低土试样离散程度。但这一途径不可取：第一，冻融循环过程是客观存在的，只要存在冻结融化，土试样密度离散性就会被放大，无法避免；第二，研究冻融循环过程就是研究冻融循环作用对土力学特性的影响，如果刻意减少该过程就失去了研究意义。

（2）提高土试样初始状态的一致性，即提高季冻土制样的密度一致性标准。当密度一致性标准提高之后，即便经历冻结融化过程，土的力学性态也会保持规律性，这是我们所需要的。如图 2.16 所示，如果批量土试样的初始状态一致性很高，即土试样密度离散性 δ 很小，那么即便经历多次冻融循环，δ' 仍能控制在要求的密度离散性范围内，这是我们希望达到的目标。

降低密度离散性的目的，并不是刻意限制冻融循环作用，而是通过这一措施将冻融循环对土力学特性的影响独立出来，尽可能降低人为因素对试验结果的影响，更容易捕捉到冻融循环作用对土的客观影响。

2.4.3 基于抗剪强度指标的季冻土三轴试验制样新标准

通过大量试验探索，作者提出建议将季冻土三轴试验制样密度一致性标准提高到 $\pm 0.003\text{g/cm}^3$，因为这个标准能够保证将冻融循环作用引起的试验试样密度离散性控制在允许范围内，能够有效保证冻融循环作用下季冻土试验结果的稳定性。而另外两个指标，即粒度和湿度条件遵循常规试验标准即可。

作者对冻融循环作用下土的抗剪强度指标变化规律进行了探索，研究之初，曾按照常规三轴试验制样标准开展试验，但结果规律性欠佳。之后，经过不断搜索文献，进行总结，发现试验结果发生离散的根源在于土试样经过冻融循环之后，初始状态发生了改变，而季冻土三轴试验试样制备标准对此影响很大。

作者一开始按照《土工试验方法标准》（GB/T 50123—2019）中的土试样密度离散性标准进行制样，但经冻融后试验结果并不理想。为保证土试样具有高度一致的初始状态，作者尝试采用压样法，利用千斤顶和万能试验机压样，然而利用这一方法得到的土试样离散性更高，表现为一端密实而一端松散，即使以极慢的速度分层压样，脱模后的试样不但高度离散性大，密度也同样难以保证均匀，结果也不理想。最终，作者选择了更为严格的分层击实法，且全部试样一次成型，严格控制每层土的厚度、质量及每层锤击数，最终使同批大量土试样保持在相对一致的初始状态。如图 2.17～图 2.19 所示，试验中制作的全部黏土试样质量集中在 191.0～191.6g，粉质黏土试样质量集中在 198.4～198.9g，粉土质砂试样质量集中在 202.1～202.6g，对应的密度离散性分布情况分别如图 2.20～图 2.22 所示，黏土、粉质黏土和粉土质砂试样的密度离散性波动范围分别为 $\pm 0.003\text{g/cm}^3$、$\pm 0.003\text{g/cm}^3$ 和 $\pm 0.0025\text{g/cm}^3$，这远远高于常规土试验规定的密度一致性标准，并将试验中超出新标准范围的试样全部剔除。按照这个新标准制样，进行季冻土三轴试验，试验结果比较稳定。

在冻融循环过程中，土试样颗粒本身、颗粒孔隙、孔隙水及内部结构不断发生变化，我们研究冻融循环的影响就是研究这一客观现象，进而揭示冻融循环对土的影响规律。冻融循环过程中，希望通过降低土试样的密度离散性来提高土试

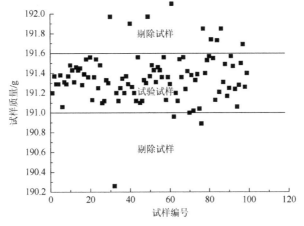

图 2.17　黏土试样质量分布和试样选取

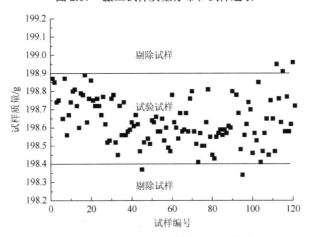

图 2.18　粉质黏土试样质量分布和试样选取

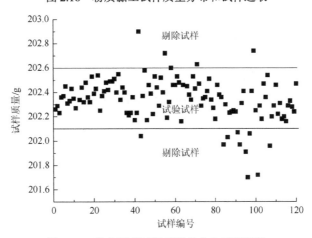

图 2.19　粉土质砂试样质量分布和试样选取

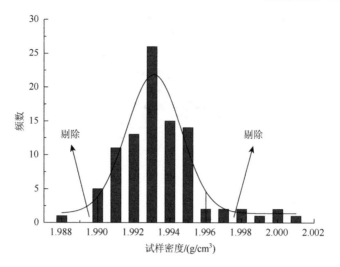

图 2.20　黏土试样密度分布和试样选取

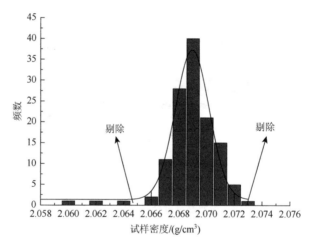

图 2.21　粉质黏土试样密度分布和试样选取

样初始状态的一致性,将冻融循环对土试样初始状态的影响控制在允许范围内。基于这一目标,作者提出了季冻土制样新标准,将批量制作的土试样密度离散性标准控制在 $\pm 0.003\text{g/cm}^3$,同时推荐采用制样方法更为严格的分层击实法,控制每层击实数。

2.4.4　新标准检验

为验证提出的季冻土三轴试验制样新标准,设计了两组平行试验,其中一组为常规试验组,即未经冻融循环作用,另一组为冻融循环组,每组取 3 个试验试

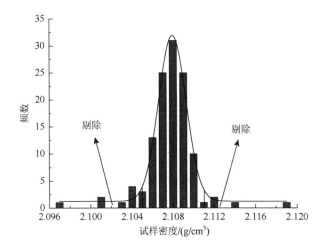

图 2.22　粉土质砂试样密度分布和试样选取

样。具体操作如下：按试验要求制备试样，每组 3 个试样，保证试样密度离散性满足±0.003g/cm³ 的制样新标准，粒度和湿度标准参照常规试验。进行三轴压缩试验，将试样应力-应变曲线的离散程度作为试样密度一致性检验的标准，如图 2.23 和图 2.24 所示。

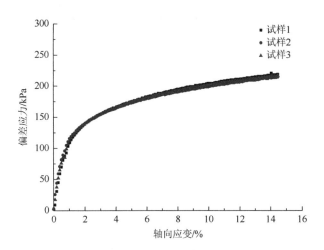

图 2.23　常规试验组试样三轴压缩试验应力-应变曲线

由图 2.23 和图 2.24 可以看出，按照提出的季冻土三轴试验制样新标准，经历冻融循环之后，试样的应力-应变曲线发生缓慢改变，其硬化特性逐渐变弱，但无论是常规试验组还是冻融循环组，试样的应力-应变曲线都基本吻合，离散性较低，吻合度较高。结果证明，采用季冻土三轴试验制样新标准可有效降低试验结果的离散性，减小人为误差。

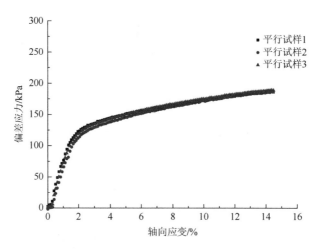

图 2.24　冻融循环组试样三轴压缩试验应力-应变曲线

图 2.25 为经历几十次冻融循环之后批量试样的应力-应变曲线，其破坏强度的离散性仍然小于 5%，这比在常规试验标准下试验结果的离散性降低了很多。在季冻土三轴试验制样新标准下，试样经历多次冻融循环后，尽管离散性依然存在，但能保证冻融循环下试验结果的稳定可靠。

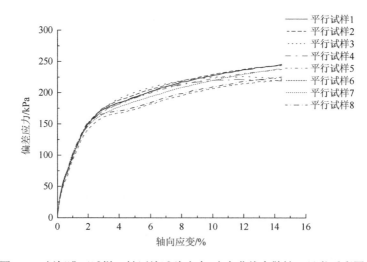

图 2.25　新标准下试样三轴压缩试验应力-应变曲线离散性（见书后彩图）

2.5　本 章 小 结

本章总结了现有规范中对三轴试验制样标准的规定，分析了以往基于常规标准开展季冻土试验时试验结果产生离散的原因，提出了保证试验结果规律性的有效措施，明确了季冻土三轴试验制样新标准，通过对比试验验证了该标准的可靠性，主要结论如下。

（1）季冻土三轴试验无专有规范可循，按照常规土试验标准开展季冻土三轴试验是导致试验结果离散的首要原因。

（2）对比分析常规土试验的两种制样方法——压样法和分层击实法，指出了压样法制样不适用于冻融循环下的三轴试验，推荐选取分层击实法。

（3）分析了冻融循环试验的复杂性，剖析了以往季冻土三轴试验结果不稳定的原因，指出其根源是冻结融化过程中试样密度离散性被放大，提出了通过提高试样密度一致性标准来保证试验结果规律性的思路。

（4）考虑相关规范中对制样标准的规定，立足标准的合理性及可操作性，选用密度一致性作为控制同批试样的参数。

（5）提出了季冻土制样新标准，即密度离散性控制在 $\pm 0.003 \text{g/cm}^3$，并分为常规组和冻融循环组进行检验，验证了新标准的合理性。

参 考 文 献

[1]　王淼. 季冻土力学特性及试验技术研究[D]. 哈尔滨：中国地震局工程力学研究所，2017.

[2]　Graham J，Au V C S. Effects of freeze-thaw and softening on a natural clay at low stresses[J]. Canadian Geotechnical Journal，1985，22（1）：69-78.

[3]　Benson C H，Othman M A. Hydraulic conductivity of compacted clay frozen and thawed in situ[J]. Journal of Geotechnical Engineering，1993，119（2）：276-294.

[4]　Simonsen E，Isacsson U. Soil behavior during freezing and thawing using variable and constant confining pressure triaxial tests[J]. Canadian Geotechnical Journal，2001，38（4）：863-875.

[5]　Simonsen E，Janoo V C，Isacsson U. Resilient properties of unbound road materials during seasonal frost conditions[J]. Journal of Cold Regions Engineering，2002，16（1）：28-50.

[6]　Wang D Y，Ma W，Wen Z，et al. Stiffness of frozen soils subjected to k_0 consolidation before freezing[J]. Soils and Foundations，2007，47（5）：991-997.

[7]　Qi J L，Ma W，Song C X. Influence of freeze-thaw on engineering properties of a silty soil[J]. Cold Regions Science and Technology，2008，53（3）：397-404.

[8]　于基宁. 低温三轴试验机研制及粉质粘土冻融循环力学效应试验研究[D]. 武汉：中国科学院武汉岩土力学研究所，2007.

[9]　常丹，刘建坤，李旭，等. 冻融循环对青藏粉砂土力学性质影响的试验研究[J]. 岩石力学与工程学报，2014，33（7）：1496-1502.

[10] 方丽莉,齐吉琳,马巍. 冻融作用对土结构性的影响及其导致的强度变化[J]. 冰川冻土,2012,34(2):435-440.

[11] 王静. 季冻区路基土冻融循环后力学特性研究及微观机理分析[D]. 长春:吉林大学,2012.

[12] 苏谦,唐第甲,刘深. 青藏斜坡黏土冻融循环物理力学性质试验[J]. 岩石力学与工程学报,2008,27(z1):2990-2994.

[13] 董晓宏. 冻融作用下黄土工程性质劣化特性研究[D]. 杨凌农业高新技术产业示范区:西北农林科技大学,2010.

[14] 王铁行,罗少锋,刘小军. 考虑含水率影响的非饱和原状黄土冻融强度试验研究[J]. 岩土力学,2010,31(8):2378-2382.

[15] 张辉,王铁行,罗扬. 非饱和原状黄土冻融强度研究[J]. 西北农林科技大学学报(自然科学版),2015,43(4):210-214,222.

[16] 中华人民共和国水利部. 土工试验方法标准:GB/T 50123—2019[S]. 北京:中国计划出版社,2019.

[17] 交通运输部公路科学研究院. 公路土工试验规程:JTG 3430—2020[S]. 北京:中华人民共和国交通运输部,2020.

[18] 郑郁,马巍. 超固结重塑土结构性的试验分析[C]. 第27届全国土工测试学术研讨会,南京,2016:151-155.

[19] 胡瑞林,李向全. 粘性土微结构定量模型及其工程地质特征研究[M]. 北京:地质出版社,1995.

[20] 沈珠江. 土体结构性的数学模型——21世纪土力学的核心问题[J]. 岩土工程学报,1996,18(1):95-97.

[21] 谢定义,齐吉琳,张振中. 考虑土结构性的本构关系[J]. 土木工程学报,2000,33(4):35-41.

[22] 谢定义,齐吉琳. 土结构性及其定量化参数研究的新途径[J]. 岩土工程学报,1999,21(6):651-656.

[23] 和礼红,汪稔,石祥锋. 冻土结构性研究方法初探[J]. 岩土力学,2003,24(z2):148-152.

[24] 贾宝新,于崇,张树光. 冻融作用下辽西风积土结构性变化[J]. 土壤通报,2008,39(4):822-825.

[25] 丑亚玲,蒋先刚,何彬彬,等. 基于结构性的冻结黄土力学特性试验研究[J]. 冰川冻土,2014,36(4):913-921.

[26] 蒋先刚. 人工结构性冻结黄土力学特性试验研究[D]. 兰州:兰州理工大学,2013.

[27] 郑郁,马巍,郉慧. 冻融循环对土结构性影响的试验研究及影响机制分析[J]. 岩土力学,2015,36(5):1282-1287,1294.

[28] 郑郁,马巍,郉慧. 冻融循环对土结构性影响的机理与定量研究方法[J]. 冰川冻土,2015,37(1):132-137.

[29] 郑郁,马巍,李国玉,等. 一个考虑冻融循环作用的结构性定量参数的试验研究[J]. 岩土工程学报,2016,38(7):1339-1344.

第3章 季冻土静力特性

3.1 概 述

　　季冻土经历冻融循环之后，土颗粒会重新排列，颗粒连接方式、孔隙等物理性质也会产生变化，导致季冻土力学性能发生改变[1-4]。

　　本章主要关注季冻土冻融循环后的强度指标变化规律和冻结后的强度特性。季冻土静力特性包括应力-应变关系、破坏强度和抗剪强度等，掌握这些变化规律有助于分析季冻土相关工程问题，如季冻土强度问题、边坡稳定问题、路基沉降问题等。

3.2 试验方法及常见问题

3.2.1 试验方法

1. 试验仪器

　　如图 3.1 所示，试验采用新型低温振动三轴仪，由英国 GDS 仪器设备有限公司生产。该仪器的主要技术指标如下：温度控制范围为–25～100℃，最小度量值

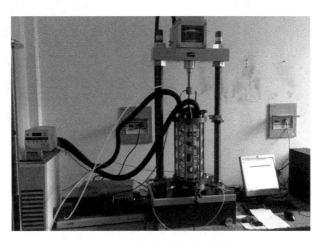

图 3.1 新型低温振动三轴仪

为 0.01℃；最大轴力为 10kN，最小度量值为 0.001kN；频率控制范围为 0.001～
5Hz；最大位移为 90mm，最小度量值为 0.0001mm；围压控制值为 1MPa（可增
加至 3.5MPa）；反压控制值为 1.5MPa（试验中不能超过围压）。试验过程中使用
低温振动三轴仪应变控制加载模块。

2. 制样标准及方法

试样制备按照第 2 章所述的季冻土三轴试验制样新标准进行，主要步骤如下。

（1）选取一定质量的三种土：黏土、粉质黏土和粉土质砂。经风干、碾压、
过筛，测定风干含水率，按所需含水率计算所需加水量。

（2）按所需量将水均匀喷洒到土试样中，拌匀，保证土颗粒大小均匀，静置
后装入塑料袋密封，放在密闭容器内 24h，确保含水率均匀。开袋搅拌，取三盒
土复测含水率，保证两盒及以上土的含水率之差在 0.5% 以内。

（3）在击实筒内壁涂抹一层油，按照测出的含水率计算湿土质量，分四层击
实，每层 2cm，同批试样的同一层击实数保持基本一致。

（4）试样制备完成之后，称量质量，计算土试样密度，依据季冻土三轴试验
制样新标准，同一土类试样一次成型，如图 3.2 所示，并保证批量土试样密度离
散性控制在 ±0.003g/cm³。

图 3.2　季冻土三轴试验批量土试样

3. 冻融方法

冻融过程是季冻土区别于常规土和永久冻土的主要过程。冻土的冻结方式按
冻结方向分为三向冻结、双向冻结和单向冻结，按补水情况又分为封闭式系统和

开放式系统。冻融循环作用下土的抗剪强度试验均选取三向冻结和封闭式系统，制样完成后用橡皮膜及胶带密封，放入低温箱冻结 24h，再放入恒温箱融化 24h，待设定冻融循环次数完成后将所需试样取出进行试验，其余试样再次进行设定的冻融过程。对于冻结和融化温度的选取，参考哈尔滨工业大学的马元顺[5]对哈大高速铁路路基的测试结果，该测试结果显示在冻结时期，季冻土路基会出现接近−20℃的低温，而哈尔滨以北地区则会出现更低温度。黑龙江地区春融期为四月份，根据现场测试结果，每年四月中旬，季冻土路基温度在 10℃左右，因此在试验温度的选取上，考虑季冻区实际温度条件，将低温冻结温度设置为−25℃，融化温度设置为 10℃，冻融过程设定为 24h，可以保证土试样完全冻结及融化。

低温下，试验有多种冻结方法：①将试样置于低温压力室内冻结，达到目标温度并稳定一段时间后，取压力室内的环境温度作为试样温度；②试样在温度较低的低温恒温箱内快速冻结稳定后，再将其置于压力室，采取前述方式使试样温度回升到目标温度。考虑到实际季冻土路基在冻结过程中始终处于围压条件之下，且公路路基在气温下降过程中冻结缓慢，本书中的低温阶段试验均考虑第一种冻结方法，先对试样固结，再冻结至设定温度，整个降温过程均在低温振动三轴仪上完成，依靠仪器自身的降温系统模拟环境降温，其具体操作如下：装样完成后，设置围压，模拟实际的季冻土埋藏条件，保持围压不变，等压固结 12h，固结完成之后，打开低温振动三轴仪的自身降温系统，设定试验设计温度值，此时需采取保温措施，用羽绒棉被将压力室包裹，减少热量交换，待温度逐步稳定且达到设定温度之后，维持低温并稳定足够长时间，以保证压力室内及试样内部温度均匀。

3.2.2 试验常见问题及解决方法

尽管低温振动三轴仪与传统的三轴试验设备相比具有操作简便、精度高等优点，但该设备在低温试验过程中出现了冻土试验设备易出现的共性问题，且低温试验功能部件又是最核心的功能部件。因此，作者专门进行了试验改进，探索出了切实可行的解决方案。

1. 围压进气孔冻结问题

试验系统围压 σ_3 由外置空气压缩机提供。在对试样进行负温冻结试验的过程中，小直径的进气管会被围压室中遇冷凝结的水蒸气冻结，导致高压气体补充受阻，围压无法保证，进而导致试验失败。

为解决该问题，试验中改变了原来围压室内的管路系统，将原来的小直径进气管通过转换接头更换为大直径进气管，管径增加了 2~3 倍。连接过程中，螺纹接头处均采用耐高压密封胶处理，确保围压室的密闭性，更换前后的进气管管径对比见图 3.3，更换后的进气管见图 3.4。实践证明，上述做法能很好地解决因进气孔冻结而导致围压无法维持的问题，保证了试验顺利进行。

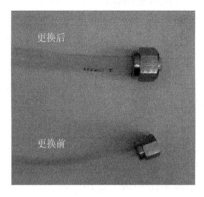 

图 3.3　更换前后进气管管径对比　　图 3.4　更换后的进气管

2. 加载杆冻结问题

负温试验过程中，空气中的水分会逐渐向低温状态下的加载杆迁移并冻结，最终导致加载杆结冰而无法运动（图 3.5）。这不仅会导致试验无法正常进行，严重时甚至会使作动器卡死，设备受损。

图 3.5　冻结的加载杆（见书后彩图）

　　针对这一问题，采取的具体解决方案如下：在冻结过程中，利用硅胶干燥剂吸收加载杆周围的水分，从而避免冻结。采用绿色环保且吸湿率高的硅胶干燥剂，用棉纱布袋装好置于加载杆附近，并在围压室周围包上保温羽绒罩，这样可有效解决加载杆的低温冻结问题。该方法的优点是不但可以有效解决加载杆冻结问题，而且硅胶干燥剂吸水后经烘干仍可重复使用，大幅降低了试验成本，效果良好。经处理后，负温状态下的加载杆见图 3.6。

图 3.6　处理后负温状态下的加载杆（见书后彩图）

3.3　冻融循环下季冻土强度

3.3.1　冻融循环下季冻土应力-应变关系

　　季冻区范围广、土类多，本节选取季冻区的三种代表性土类，即黏土、粉质黏土和粉土质砂（均从实际工程中选取），其中黏土取自哈尔滨市某建筑工地，粉质黏土和粉土质砂取自辽宁沈阳—丹东客运专线路基，试验选取的试样直径 $D = 39.1 \text{mm}$，高度 $H = 80 \text{mm}$。三种典型土类的粒径分布如表 3.1 所示，液塑限指标如表 3.2 所示。

表 3.1 季冻区典型土类粒径分布 （单位：%）

土类	<2mm	<1.18mm	<0.6mm	<0.3mm	<0.15mm	<0.075mm
黏土	100	99	96	88	81	78
粉质黏土	100	98	91	84	72	61
粉土质砂	100	92	80	65	46	35

表 3.2 季冻区典型土类液塑限指标

土类	液限 w_L/%	塑限 w_P/%	塑性指数 I_P
黏土	36	16	20
粉质黏土	34	21	13
粉土质砂	—	—	—

试验主要探讨冻融循环下季冻区典型土类的应力-应变关系、静强度和抗剪强度指标。试验用土为非饱和土，试验条件为不固结不排水，根据研究目的和试验条件，试验中主要有 3 个变化因素，分别为土类、围压和冻融循环次数，具体试验方案见表 3.3。

表 3.3 冻融循环试验方案

土类	围压/kPa	冻融循环/次
黏土	100、200、300	0、1、3、5、7、9、11、13
粉质黏土	50、100、150	0、1、3、5、7、9、11、13
粉土质砂	50、100、150	0、1、3、5、7、9、11、13

典型季冻土冻结深度约为 2m，能达到的最大冻结融化深度约为 10m，且路基工作区较浅，一般小于 2m，试验中黏土的取土深度比粉质黏土和粉土质砂深，因此考虑季冻土路基的实际情况和取土埋藏深度，研究中设定黏土试验围压为 100kPa、200kPa 和 300kPa，粉质黏土和粉土质砂的试验围压为 50kPa、100kPa 和 150kPa，使得试验围压更接近实际工况。

由于土类不同，试样的应力-应变曲线也不同，如图 3.7 所示，应力-应变曲线一般分为三种类型，即应变硬化型、应变软化型和断裂破坏型[6, 7]。

对于图 3.7（a），其应力-应变曲线属于应变硬化型，即随着应变的增加，土的应力也不断变大，其中①表现为强硬化型，②表现为弱硬化型。图 3.7（b）中应力-应变曲线属于应变软化型，即应变增加到一定程度时，土的应力先出现一个峰值，之后表现出软化的特性，存在残余强度。其中，①表现为弱软化型，②表现为强软化型。图 3.7（c）属于断裂破坏型，即随着应变的增加，试样突然断裂，一般发生在小应变的情况下[6, 7]。

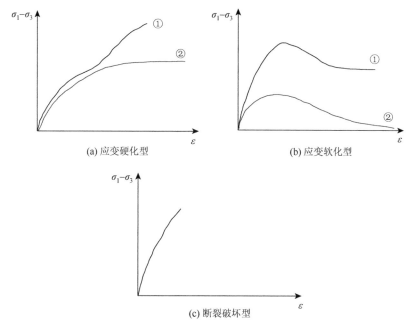

(a) 应变硬化型   (b) 应变软化型

(c) 断裂破坏型

图 3.7   应力-应变曲线的三种类型

按照表 3.3 中的冻融循环试验方案，进行冻融循环下的三轴试验，不同围压下黏土、粉质黏土和粉土质砂的应力-应变曲线分别如图 3.8～图 3.10 所示。

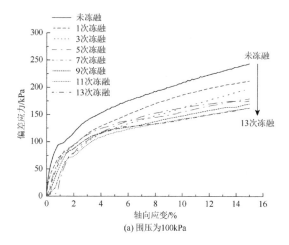

(a) 围压为100kPa

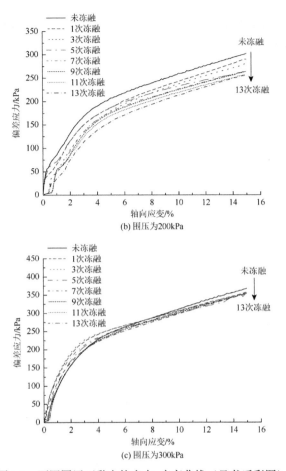

(b) 围压为200kPa

(c) 围压为300kPa

图 3.8　不同围压下黏土的应力-应变曲线（见书后彩图）

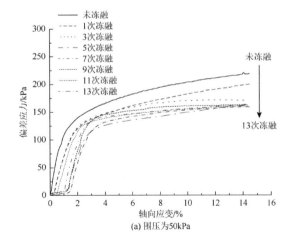

(a) 围压为50kPa

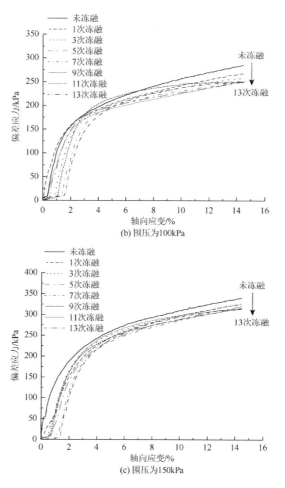

图 3.9　不同围压下粉质黏土的应力-应变曲线（见书后彩图）

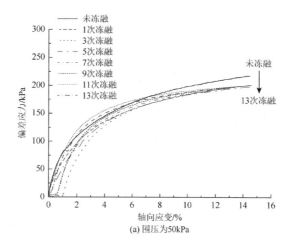

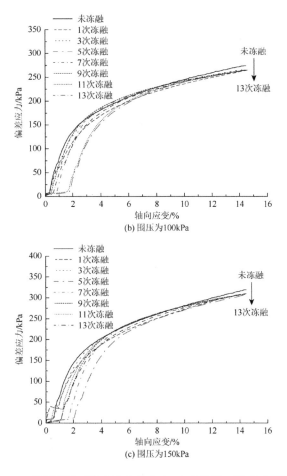

图 3.10　不同围压下粉土质砂的应力-应变曲线（见书后彩图）

　　由图 3.8～图 3.10 可以看出，在试验围压下，未经冻融的试样和经历多次冻融循环的试样，其应力-应变曲线均属于应变硬化型，即随着轴向应变的不断变大，试样的偏差应力不断增加，但轴向应变超过一定值后，偏差应力增长缓慢。在相同围压下，经历冻融循环的土的应力-应变曲线均处于未经冻融的试样的下方，冻融循环对土应力-应变曲线的影响随着冻融循环次数的增加而不断降低，黏土经 5～7 次冻融循环之后（粉质黏土经 3～5 次冻融循环之后、粉土质砂经 1 次冻融循环之后），土试样的应力-应变曲线基本趋于稳定。冻融循环作用虽然未改变土应力-应变曲线的变化模式，但经历冻融循环后，试样的应力-应变曲线的应变硬化特性有变弱趋势。随着围压的增大，冻融循环对土应力-应变曲线的影响也有减弱趋势。

3.3.2　冻融循环下季冻土破坏强度

按照表 3.3 中的试验方案开展试验,由于试验中试样的应力-应变曲线均属于应变硬化型,选取应变达到 15%时的偏差应力(试样破坏时的偏差应力 $\sigma_1-\sigma_3$)作为破坏强度,汇总不同冻融循环次数、不同土类和不同围压下试样的破坏强度,分别如图 3.11～图 3.13 所示。

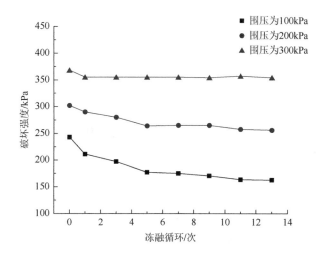

图 3.11　冻融循环作用下黏土的破坏强度

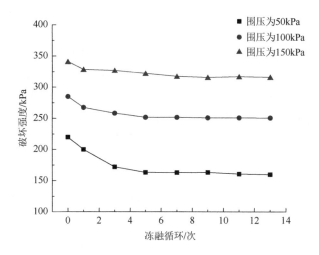

图 3.12　冻融循环作用下粉质黏土的破坏强度

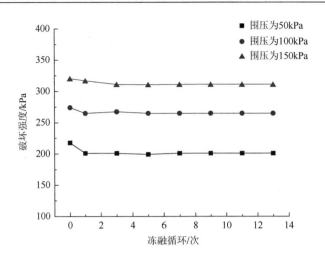

图 3.13　冻融循环作用下粉土质砂的破坏强度

从图 3.11～图 3.13 中可以看出，在冻融循环次数相同时，随着围压的升高，试样破坏强度不断增大；在相同围压下，随着冻融循环次数的增加，试样破坏强度不断降低。经 5～7 次冻融循环后，黏土试样破坏强度趋于稳定。在 100kPa 围压下，黏土试样经冻融循环后的破坏强度稳定值较初始破坏强度降低约 30%；在 200kPa 围压下，黏土试样经冻融循环后的破坏强度稳定值较初始破坏强度降低约 15%；在 300kPa 围压下，黏土试样经冻融循环后的破坏强度稳定值较初始破坏强度降低约 5%。粉质黏土经 3～5 次冻融循环后破坏强度逐渐趋于稳定。在 50kPa 围压下，粉质黏土试样经冻融循环后的破坏强度稳定值较初始破坏强度降低约 30%；在 100kPa 围压下，粉质黏土试样经冻融循环后的破坏强度稳定值较初始破坏强度降低约 12%；在 150kPa 围压下，粉质黏土试样经冻融循环后的破坏强度稳定值较初始破坏强度降低约 8%。粉土质砂试样经 1 次冻融循环后，破坏强度趋于稳定。在 50kPa 围压下，粉土质砂试样冻融循环后破坏强度稳定值较初始破坏强度降低约 8%；在 100kPa 围压下，粉土质砂试样经冻融循环后的破坏强度稳定值较初始破坏强度降低约 4%；在 150kPa 围压下，粉土质砂试样经冻融循环后的破坏强度稳定值较初始破坏强度降低约 3%。由此可推断，无论是何种土类，围压的升高对冻融循环造成的强度衰减均有抑制作用。

试验中应考虑季冻土的实际埋藏条件及路基深度，由于三种典型季冻土的埋藏深度不同，为得到更符合实际的冻融循环下试样的应力-应变关系，将黏土的围压设置为 100kPa、200kPa、300kPa，粉质黏土和粉土质砂的围压设置为 50kPa、100kPa、150kPa。

对比冻融循环下季冻区三种典型土类在不同围压下的试样破坏强度试验结果可知，在同一围压（100kPa）下：黏土经 5～7 次冻融循环后破坏强度趋于稳定，破坏强度稳定值较未经冻融循环的试样降低约 30%；粉质黏土经 3～5 次冻融循环后破坏强度趋于稳定，破坏强度稳定值较未经冻融循环的试样降低约 12%；粉土质砂经 1 次冻融循环后破坏强度趋于稳定，破坏强度稳定值较未经冻融循环的试样降低约 4%。

由此可以得出，同一埋藏条件下，黏土破坏强度受冻融循环作用的影响较大，冻融稳定性最差，粉质黏土次之，粉土质砂受冻融循环作用的影响较小，冻融稳定性最好。因此，在实际工程中，为减少冻融循环作用带来的影响，在冻结深度内，路基土应尽量避免选取黏土，应选择砂砾含量较多的土。尽管这也是常规认知，但试验结果显示的冻融循环作用下不同土类破坏强度的衰减规律、围压与衰减强度的关系及冻融循环次数对破坏强度的定量影响等仍具有重要参考价值，特别是采用制样新标准时，试验结果的规律性可为接下来的试验及分析工作奠定基础。

3.3.3　冻融循环下季冻土抗剪强度指标变化模式

土的抗剪强度指标——黏聚力和内摩擦角是土力学中重要的一对参数，与土强度相关的几乎所有问题都需要明确黏聚力和内摩擦角。依据摩尔-库仑理论，通过不同围压和土类的冻融循环三轴试验，可得到冻融循环下黏土、粉质黏土和粉土质砂的黏聚力和内摩擦角。以黏土为例，试样的不固结不排水抗剪强度包线如图 3.14 所

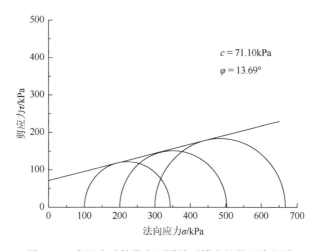

图 3.14　未经冻融的黏土不固结不排水抗剪强度包线

示, 绘制主要步骤如下: 以剪应力 τ 为纵坐标, 法向应力 σ 为横坐标, 横坐标上以 $(\sigma_1 + \sigma_3)/2$ 为圆心、$(\sigma_1 - \sigma_3)/2$ 为半径绘制不同围压下的破坏总应力圆, 作莫尔圆包线, 包线的截距为黏聚力, 倾角为内摩擦角。不同土类在不同冻融工况下的抗剪强度包线绘制方法一致。

根据冻融循环三轴试验得出不同围压下的季冻区典型土类的破坏强度, 计算抗剪强度指标, 得出冻融循环下黏土、粉质黏土和粉土质砂黏聚力和内摩擦角的具体变化模式, 分别如图 3.15~图 3.20 所示。

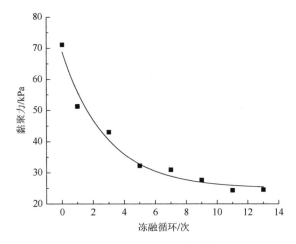

图 3.15　冻融循环作用下黏土的黏聚力变化模式

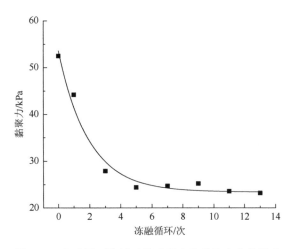

图 3.16　冻融循环作用下粉质黏土的黏聚力变化模式

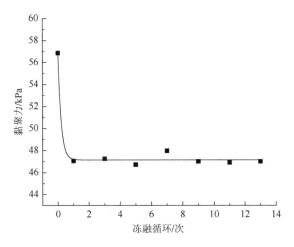

图 3.17　冻融循环作用下粉土质砂的黏聚力变化模式

　　图 3.15～图 3.17 为冻融循环作用下三种土类的黏聚力变化模式,由图可以看出,黏聚力均随着冻融循环次数的增加基本呈不断降低的趋势。黏土经 5～7 次冻融循环之后,黏聚力逐渐趋于稳定,稳定值较初始值约降低 70%;粉质黏土经 3～5 次冻融循环作用之后,黏聚力逐渐趋于稳定,稳定值较初始值约降低 55%;粉土质砂经 1 次冻融循环之后,黏聚力趋于稳定,之后略有波动,稳定值较初始值约降低 20%。冻融循环作用下三种土类的黏聚力降低模式均呈指数型。

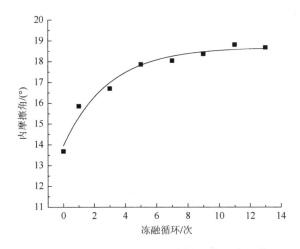

图 3.18　冻融循环作用下黏土的内摩擦角变化模式

　　图 3.18～图 3.20 为冻融循环作用下土的内摩擦角变化模式,由图可知,随着冻融循环次数的增加,内摩擦角基本呈不断增大的趋势。黏土经 5～7 次冻融循环

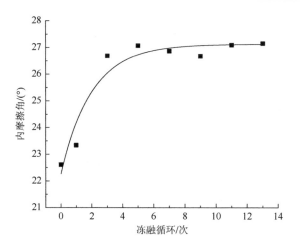

图 3.19　冻融循环作用下粉质黏土的内摩擦角变化模式

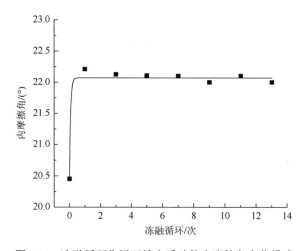

图 3.20　冻融循环作用下粉土质砂的内摩擦角变化模式

后，内摩擦角逐渐趋于稳定，稳定值较初始值约增大 40%；粉质黏土经 3～5 次冻融循环后，内摩擦角逐渐趋于稳定，稳定值较初始值约增大 20%；粉土质砂经 1 次冻融循环后，内摩擦角趋于稳定，之后不断波动，内摩擦角稳定值较初始值约增大 10%。冻融循环下，三种土类的内摩擦角呈指数型增加。

3.3.4　不同土类抗剪强度指标变化模式对比分析

冻融循环作用下季冻区三种典型土类的黏聚力和内摩擦角变化模式基本相同，均呈指数型变化，但具体表现有所差异。

随着冻融循环次数的增加，季冻区三种典型土类的黏聚力均呈指数型减小，与未经冻融循环的试样的初始值相比，黏土黏聚力约降低 70%，粉质黏土黏聚力约降低 55%，粉土质砂黏聚力约降低 20%，说明黏土黏聚力受冻融循环作用影响最大、冻融稳定性最差，粉质黏土次之，粉土质砂黏聚力受冻融循环作用影响最小、冻融稳定性最好。

随着冻融循环次数增加，季冻区三种典型土类的内摩擦角均呈指数型增大，与未经冻融循环的试样的初始值相比，黏土内摩擦角约增大 40%，粉质黏土约增大 20%，粉土质砂约增大 10%，说明黏土内摩擦角受冻融循环作用影响最大，对冻融较为敏感，粉质黏土次之，粉土质砂受冻融循环作用影响最小，冻融稳定性最好。

无论在黏聚力还是内摩擦角方面，都是黏土受冻融循环作用影响最大，粉质黏土次之，粉土质砂受影响最小。值得一提的是，采用制样新标准开展的冻融循环试验中，冻融循环作用下试样的内摩擦角变化同样具有规律性，这也从侧面证明了制样标准的高低对试验结果离散性大小有决定性影响。

3.3.5　冻融循环下季冻土抗剪强度计算

为便于工程上准确快速地取值黏聚力和内摩擦角，减少复杂的重复性试验，作者提出了冻融循环修正系数概念：冻融循环修正系数是一个无量纲指标，代表了冻融循环作用下抗剪强度指标的衰减情况。基于季冻区典型土类抗剪强度指标变化模式，以未经冻融的土的抗剪强度指标为基准，定义季冻区黏土、粉质黏土、粉土质砂的抗剪强度指标冻融循环修正系数：

$$c_f = \alpha_c \times c \qquad\qquad (3.1)$$

$$\varphi_f = \alpha_\varphi \times \varphi \qquad\qquad (3.2)$$

式中，c_f 为经历冻融循环作用后土的黏聚力；φ_f 为经历冻融循环作用后土的内摩擦角；α_c 为黏聚力冻融循环修正系数；α_φ 为内摩擦角冻融循环修正系数；c 为黏聚力基准值，即未经冻融循环作用的土的黏聚力；φ 为内摩擦角基准值，即未经冻融循环作用的土的内摩擦角。

作者提出的冻融循环修正系数，本质上是给出考虑冻融循环作用的抗剪强度指标的归一化方法。通过这两个修正系数，可在有工程需求的前提下，快速且定性可靠地确定黏聚力和内摩擦角。

基于冻融循环作用下季冻区典型土类黏聚力及内摩擦角的变化模式，根据冻融循环修正系数计算公式，以未经冻融循环作用的土的黏聚力和内摩擦角为基准，计算得出三种典型季冻土在不同冻融循环次数下的抗剪强度指标修正系数，绘制冻融循环作用下典型土类的抗剪强度指标修正曲线，具体如图 3.21 和图 3.22 所示。

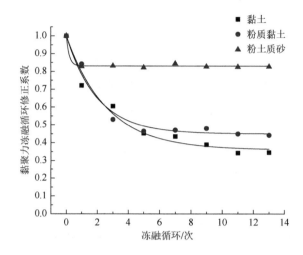

图 3.21　冻融循环作用下季冻区典型土类黏聚力修正曲线

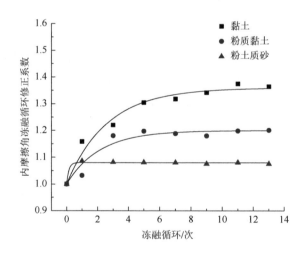

图 3.22　冻融循环作用下季冻区典型土类内摩擦角修正曲线

　　由图 3.21 和图 3.22 可知，随着冻融循环次数的增加，黏土、粉质黏土和粉土质砂黏聚力冻融循环修正系数都呈不断降低的趋势，经一定冻融循环作用后，黏聚力冻融循环修正系数逐渐趋于稳定，最终趋于一稳定值，黏土约为 0.36，粉质黏土约为 0.48，粉土质砂约为 0.87。随着冻融循环次数的增加，三种土类的内摩擦角冻融循环修正系数均不断增大，前几次冻融循环对其影响较大，经一定冻融循环作用后，内摩擦角冻融循环修正系数也逐渐趋于稳定，最终趋于一稳定值，黏土约为 1.36，粉质黏土约为 1.2，粉土质砂约为 1.08。

基于冻融循环下季冻区典型土类抗剪强度修正系数的变化模式，对上述三种典型土类的黏聚力冻融循环修正系数 α_c、内摩擦角冻融循环修正系数 α_φ 进行拟合，并且 α_c、α_φ 均满足指数型函数，冻融循环作用下的抗剪强度指标计算公式如式（3.3）所示：

$$y = y_0 + A\mathrm{e}^{-x/t} \tag{3.3}$$

式中，y 为抗剪强度指标冻融循环修正系数；x 为冻融循环次数；y_0 为冻融循环水平系数；A 为放大系数；t 为衰减系数。

根据式（3.3），拟合冻融循环作用下季冻区典型土类抗剪强度指标冻融循环修正系数，得出冻融循环作用下季冻区典型土类抗剪强度指标计算公式，具体参数值如表 3.4 所示，拟合结果较为理想。

表 3.4　冻融循环作用下季冻区典型土类抗剪强度指标计算公式

土类	冻融循环修正系数	拟合公式（$x \in N^+$）	拟合优度 R^2
黏土	α_c	$\alpha_c = 0.36 + 0.64\mathrm{e}^{-x/2.61}$	0.97
	α_φ	$\alpha_\varphi = 1.36 - 0.36\mathrm{e}^{-x/2.63}$	0.97
粉质黏土	α_c	$\alpha_c = 0.45 + 0.55\mathrm{e}^{-x/1.99}$	0.98
	α_φ	$\alpha_\varphi = 1.2 - 0.2\mathrm{e}^{-x/2.14}$	0.93
粉土质砂	α_c	$\alpha_c = 0.87 + 0.13\mathrm{e}^{-x/0.19}$	0.99
	α_φ	$\alpha_\varphi = 1.08 - 0.08\mathrm{e}^{-x/0.14}$	0.99

3.4　负温下季冻土强度

选取粉质黏土为研究对象，在负温下开展三轴压缩试验，研究其在不同负温和含水率条件下的破坏强度。

低温下的试验制样按新标准完成，批量制样，将制备好的试样放入保湿缸中，在 50kPa 围压条件下对试样进行等压固结。固结完成后，开启低温循环水浴对压力室进行降温，待温度达到目标温度后，稳定 24h 使试样冻结均匀。压力室内的温度波动范围为 ±0.1℃。试样冻结完成后，对其进行不排水剪切试验，剪切应变速率为 0.1%/min；试验过程中，当应力-应变曲线出现明显峰值时，试验终止，否则试验进行至轴向应变达到 15%时终止。考虑到研究区域路基在运营过程中实际的温度、湿度状态，选取 4 个温度水平（−4℃、−6℃、−8℃、−10℃）和 4 种初始含水率条件（14.30%、16.20%、18.73%、20.60%）。

3.4.1　负温下季冻土应力-应变关系

图 3.23 为当试样初始含水率相同时，处于不同负温下的冻结粉质黏土三轴应力-应变关系曲线。

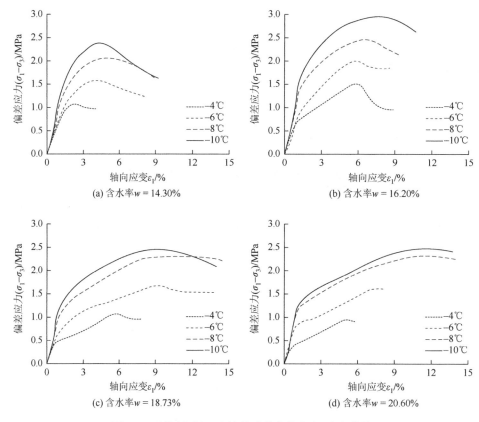

图 3.23　不同负温下冻结粉质黏土的应力-应变曲线

从图 3.23 中可以看出，在 50kPa 围压条件下，冻结粉质黏土在-10～-4℃温度区间内的应力-应变关系均呈软化型，但软化程度有所不同。总体上，可以将应力-应变曲线分为三个阶段。第一阶段，当轴向应变较小时，偏差应力随应变发展近似呈线性增长，可认为试样在该阶段发生的变形是弹性的，之后应力-应变曲线出现拐点。第二阶段，试样随轴向应变的增长进入塑性变形阶段，应力-应变曲线表现为非线性，曲线的斜率逐渐减小但始终大于零，即随着轴向应变的增加，偏差应力缓慢增长且增长速率逐渐降低。第三阶段，试样偏差应力达到峰值后进入软化阶段，应力-应变曲线斜率变为负值，试样在该阶段发生脆性破坏。

　　研究表明，冻土强度是由冰强度、骨架强度和冰土之间的相互作用共同决定的。由于孔隙冰和矿物颗粒表面未冻水膜的存在，在试样受力变形初期，孔隙冰起到了重要作用，随着荷载逐渐增大，孔隙冰被压裂并在压力作用下融化，之后土骨架的作用逐渐增强。试样冻结过程中，其内部孔隙水和孔隙冰的变化及受力后的变形机理示意图如图 3.24 所示。

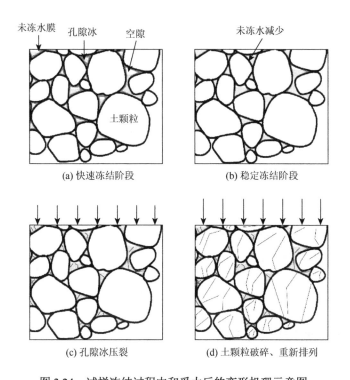

图 3.24　试样冻结过程中和受力后的变形机理示意图

　　总体上，温度越低，试样破坏后的轴向应力衰减越快，这对初始含水率较低（$\omega = 14.30\%$）的试样来说尤为明显，这是因为当试样初始含水率一定时，试样的未冻水含量随温度降低而减少，含冰量增加，宏观上表现为试样的脆性随温度降低而增加。

　　图 3.25 为冻结粉质黏土试样应力-应变曲线随初始含水率的变化情况。从图中可以看出，当温度相同时，初始含水率对冻结粉质黏土的变形影响较为明显。随着初始含水率的升高，试样的应力-应变关系曲线处于塑性变形阶段的时间明显增长；达到峰值应力后，初始含水率高的试样的偏差应力下降速度明显比初始含水率较低的试样缓慢，且这一趋势随温度的降低变得更加明显。

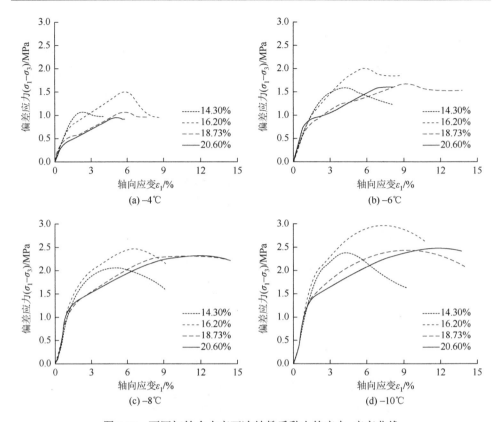

图 3.25　不同初始含水率下冻结粉质黏土的应力-应变曲线

3.4.2　负温下季冻土三轴破坏强度

1. 初始含水率对破坏强度的影响

如图 3.23 所示，在一定试验条件下，冻结粉质黏土试样的应力-应变曲线均表现为软化型，因此以曲线上峰值点的纵坐标作为其破坏强度。图 3.26 所示为当温度一定时，冻结粉质黏土破坏强度随试样初始含水率的变化规律。

同一温度下，试样初始含水率对其破坏强度的影响存在临界值（16.20%），在该临界值以下，试样的破坏强度随初始含水率升高而增大，超过临界值后，试样的破坏强度随初始含水率升高而减小，这与已有研究结论类似。温度越低，试样的破坏强度随含水率增加的衰减幅度越小。

与常温土相比，冻土破坏强度增大的主要原因是孔隙冰对土颗粒的胶结作用。当试样含水率较低时，孔隙水冻结后形成的冰不能完全胶结土颗粒，随着含水率增加，孔隙冰对土颗粒的胶结作用也增强，因此试样破坏强度随初始含水率升高而增大。但当含水率超过某一临界值后，冻结作用产生的孔隙冰将会导致土颗粒

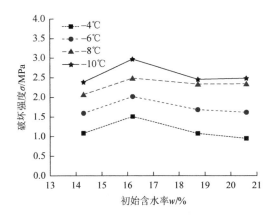

图 3.26　冻结粉质黏土破坏强度与初始含水率的关系

分离，弱化土颗粒形成的骨架强度，此时含冰量开始起支配作用，所以冻结试样破坏强度随着含水率升高而逐渐降低，最终值将与纯冰的破坏强度相当。

2. 温度对破坏强度的影响

初始含水率相同的冻结粉质黏土试样，其破坏强度与温度之间的关系如图 3.27 所示。

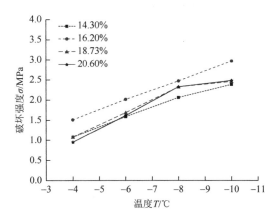

图 3.27　冻结粉质黏土破坏强度与温度的关系

从图 3.27 可以看出，冻结粉质黏土的破坏强度明显依赖于温度，且随温度降低近似呈线性增长。当试样初始含水率相同时，其内部的未冻水含量随温度的降低而减少、含冰量随温度的降低而增加，冰的存在增强了土颗粒之间的接触，故初始含水率相同的试样冻结后，其破坏强度随温度降低而增大。

3.4.3　负温下季冻土破坏强度计算公式

根据图 3.27 可知，对于初始含水率相同的冻结粉质黏土试样，其破坏强度与温度之间近似呈线性关系，因此利用式（3.4）对试验数据进行拟合：

$$\sigma = \left(a\frac{T}{T_0} + b \right)P_a \tag{3.4}$$

式中，σ 为破坏强度（MPa）；T 为试验温度（℃）；T_0 为参考温度，取 -1℃；a、b 为与试样初始含水率相关的无量纲参数；P_a 为标准大气压，取 0.101MPa。

不同初始含水率下参数 a、b 的取值及线性拟合优度见表 3.5。

表 3.5　不同含水率下的参数取值及线性拟合优度

初始含水率 w/%	a	b	拟合优度 R^2
14.30	2.1069	4.626	0.99
16.20	2.2651	8.415	0.99
18.73	2.6253	2.771	0.98
20.60	2.8290	1.218	0.97

由表 3.5 可以看出，各初始含水率下线性拟合公式的拟合优度 R^2 均大于 0.95，拟合效果较好。参数 a、b 仅与试样初始含水率 w 相关，因此绘出参数 a、b 与试样初始含水率 w 的关系曲线，如图 3.28 所示。

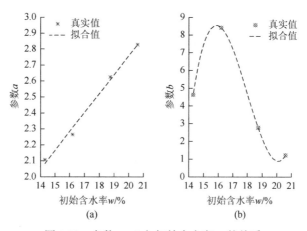

图 3.28　参数 a、b 与初始含水率 w 的关系

由图 3.28 可知，参数 a、b 可分别用试样初始含水率 w 的线性方程和三次多项式表示，分别如式（3.5）和式（3.6）所示，拟合系数见表 3.6。

$$a = rw + s \tag{3.5}$$

$$b = lw^3 + mw^2 + nw + k \tag{3.6}$$

表 3.6　参数 *a*、*b* 的拟合系数

参数	r	s	l	m	n	k
a	0.1185	0.3886	—	—	—	—
b	—	—	0.2019	−10.89346	193.197	1120.893

将式（3.5）和式（3.6）代入式（3.4）即可得到综合考虑温度及试样初始含水率的冻结粉质黏土的破坏强度计算公式，见式（3.7），拟合系数见表 3.6。

$$\sigma = \left[(rw+s)\frac{T}{T_0} + (lw^3 + mw^2 + nw + k) \right] P_a \tag{3.7}$$

图 3.29 为冻结粉质黏土破坏强度计算值与试验值的对比情况，图中横坐标为试验值，纵坐标为计算值，根据式（3.7）计算得到。由图可以看出，各数据点均匀分布在 45°斜线上下，说明计算值与试验值吻合良好。因此，可认为式（3.7）能够较准确地预估冻结粉质黏土在低围压（50kPa）、不同温度及初始含水率条件下的破坏强度值。式（3.7）是基于特定条件（围压为 50kPa、温度为−10℃～−4℃、初始含水率为 14.3%～20.60%）下的试验结果拟合得出的，因此对于其他土类及不同试验工况下的适用性还需进一步验证。

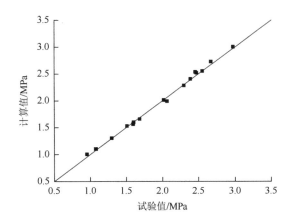

图 3.29　冻结粉质黏土破坏强度计算值与试验值的对比

3.5　本 章 小 结

本章主要探讨了季冻土的静力特性，并分析了季冻土试验中的几种常见问题；

基于三轴试验制样新标准，系统研究了冻融循环作用下和冻结阶段季冻土的强度特性，探讨了冻融循环作用下试样的应力-应变特性、破坏强度变化模式、黏聚力和内摩擦角变化模式，以未经冻融循环的土的黏聚力和内摩擦角值为基准，提出了冻融循环修正系数的概念，给出了冻融循环作用下季冻区典型土类抗剪强度指标计算公式和工程应用方法；给出了冻结阶段温度、初始含水率对土的变形、强度等力学特性的影响，建立了综合考虑温度及初始含水率的破坏强度模型。

参 考 文 献

[1]　王淼，孟上九，袁晓铭，等. 季冻区典型土类抗剪强度冻融修正系数研究[J]. 岩石力学与工程学报，2018，37（z1）：3756-3764.

[2]　Wang M，Meng S J，Sun Y Q，et al. Shear strength of frozen clay under freezing-thawing cycles using triaxial tests[J]. Earthquake Engineering and Engineering Vibration，2018，17（4）：761-769.

[3]　孙义强. 粉质黏土负温抗剪强度试验研究[D]. 哈尔滨：哈尔滨理工大学，2017.

[4]　孙义强，孟上九，王兴隆，等. 动荷载作用下冻土试验技术及冻土变形初步研究[J]. 地震工程与工程振动，2016，36（1）：169-175.

[5]　马元顺. 季节冻土区高填土路堤温度场与边坡稳定性分析[D]. 哈尔滨：哈尔滨工业大学，2010.

[6]　李广信，张丙印，于玉贞. 土力学[M]. 2 版. 北京：清华大学出版社，2013.

[7]　李广信. 高等土力学[M]. 2 版. 北京：清华大学出版社，2016.

第4章 季冻土动力特性

4.1 概　　述

在高速公路或城市主干道路上，不但通行车辆数量庞大，而且重载、超载车辆较多。相关调查结果表明，道路上通行的客车及货车数量呈逐年增加趋势，且货车重载化趋势明显，超载超限问题较严重[1-6]。这种小荷载的疲劳加载和重载、超载车辆的大荷载冲击，都给道路路基稳定性及安全性带来了不利影响。

本章以交通工程为背景，针对季冻土路基实际埋藏条件，改进季冻土低温振动三轴试验过程中的固结压力、动荷载大小及冻结过程，给出循环动荷载下季冻土冻结阶段的残余应变增长规律。另外考虑到实际车辆荷载特点，提出冲击型动力荷载的概念，探讨季冻土在最易破坏的冻融期，在冲击型动力荷载作用下的永久变形特性。

4.2 循环荷载下季冻土变形

4.2.1 季冻土冻结阶段动力试验

相比常规土动力试验，季冻土动力试验更为复杂。已有的研究更多针对永久冻土展开，如朱元林等[7]、徐春华等[8]、朱占元等[9-11]、高志华等[12]、王立娜[13]、罗飞等[14-16]对永久冻土动力学试验进行了深入的探索，取得了诸多宝贵的成果，揭示了高围压和高动应力水平下永久冻土的变形规律，但对季冻土动力特性的专门研究仍有待深入。季冻土的埋藏条件和动应力水平与永久冻土不同，表现在以下几个方面：第一，季冻土埋深较浅，试验中的围压条件必须能够反映冻土的实际埋藏条件，而永久冻土试验中的围压较大，最小围压在 0.3MPa 左右，最大围压甚至达到 25MPa，这对永久冻土是适用的，如在青藏铁路沿线。但对季冻土而言，其典型的冻结深度一般在 2m 左右，而黑龙江省北部地区的最大冻结深度也只有 10m 左右[17,18]，因此对季冻土路基工况开展试验研究时，围压取值应当大幅下降，取 0.1MPa 左右时比较合适。第二，季冻土路基承受的动应力水平应适当降低，以往冻土试验中选取的动应力水平过高，动应力幅值最小也在 0.4MPa

左右，最大甚至达到 7MPa，远远超出了真实季冻区路基所能承受的动应力水平。张锋[21]、王昕等[22]及本书作者所在团队均进行了季冻土路基压力现场实测，结果显示，即使在重载车辆下，其动应力水平也大多在 100kPa 以下。因此，季冻土路基低温振动三轴试验的动应力幅值也应大幅降低。

试验选取黑龙江省哈尔滨市松花江北岸堤防防汛抢险通道工程路基土，土质为粉质黏土，具体物理特性指示见表 4.1。

表 4.1　低温振动三轴试验用土物理特性指标

土类	塑限/%	液限/%	塑性指数	密度/(g/cm³)	最优含水率/%	最大干密度/(g/cm³)
粉质黏土	15	28	13	2.70	15.4	1.80

试样直径 $D = 39.1$mm，高度 $H = 80$mm，满足 H/D 为 2.0～2.5。试样按照分层击实法制备，依据季冻土三轴试验制样新标准，采用更接近于实际的围压 100kPa，等压固结 12h，维持围压条件不变，待固结完成之后，启动低温振动三轴仪降温控制系统，待温度逐步稳定达到设定负温之后，再保持 22h，以保证试样冻结稳定。然后，施加不同动应力幅值的动力荷载，试验过程中满足试验停止条件即终止试验，其中试验过程中的停止条件有三个：①试样残余应变达到 5%；②试验动荷载循环次数达到 10000 次；③随着加载持续，试验加载明显达不到预设动应力幅值，加载曲线出现明显破坏特征，重复三次，结果一致。

试验主要研究在真实埋藏条件下，季冻土负温和动应力幅值对残余应变的影响规律。因此，试验可变因素为温度和动应力幅值，具体的方案见表 4.2。试验中不变的因素为围压，选取 100kPa，加载频率为 2Hz，动应力形式为等幅值加载正弦波，振动加载次数设定为 10000 次，固结不排水，选取低温振动三轴仪的力控制模块。

表 4.2　低温振动三轴试验方案

温度 T/℃	动应力幅值 σ_D /kPa
常温（15℃）	70、100、130、170、200
−5	100、130、170、200、250
−10	100、150、200、250、300
−12	100、150、200、250、300

4.2.2　常温下残余应变增长规律

图 4.1 为常温下试样的残余应变增长规律，从图中可以看出，在接近真实的动应力水平下，试样大多处于非破坏状态。同一动应力幅值下，随着振动加载次数（简写为振动次数）增加，试样残余应变不断增加，在开始阶段增长较快，之后逐渐变得缓慢。随着动应力幅值的增大，常温下试样的残余应变不断增加，残余应变增长速率也随着动应力幅值的增加而不断增大。当动应力幅值达到 200kPa 时，即便在较小动应力作用下，试样的残余应变也有较大增加，试验显示在 170～200kPa 存在一个临界动应力幅值，当试样受到的动应力超过这一幅值时，残余应变会快速增大。

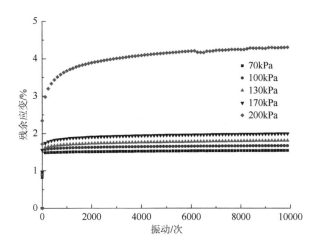

图 4.1　试样残余应变增长规律（常温 15℃）

4.2.3　负温下残余应变增长规律

图 4.2～图 4.4 分别为在负温−5℃、−10℃和−12℃条件下的试样残余应变增长规律，从图中可看出，在接近真实的动应力水平下，试样大多处于非破坏状态。同一动应力幅值下，随着振动次数的增加，试样残余应变不断增加，在开始阶段增长较快，之后逐渐变得缓慢。随着动应力幅值的增大，试样残余应变不断增加，残余应变增长速率也随着动应力幅值的增加而不断增大。在−5℃工况下，当动应力幅值达到 250kPa 时，试样残余应变与小动应力幅值相比有较大的增加，在 200～250kPa 存在一个临界动应力幅值，冻土试样承受的动应力超过这一幅值时，残余应变会产生较大增长。在−10℃和−12℃工况下，当动应力幅值达到 300kPa

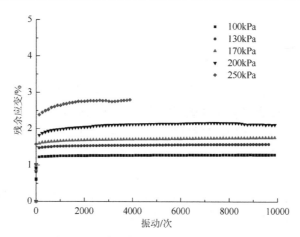

图 4.2　试样残余应变增长规律（−5℃）

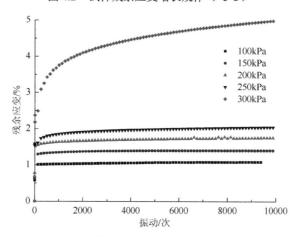

图 4.3　试样残余应变增长规律（−10℃）

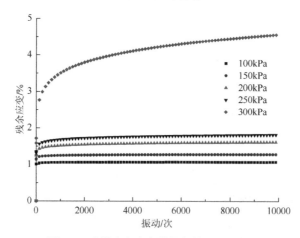

图 4.4　试样残余应变增长规律（−12℃）

时，与小动应力幅值相比，其残余应变有较大的增加，在 250～300kPa 存在一个临界动应力幅值，冻土试样承受的动应力超过这一幅值时，试样的残余应变会产生较大增长。

4.2.4　负温对残余应变增长规律的影响

季冻土冻结期残余应变的增长规律主要受负温的影响，负温决定季冻土的物理力学特性。季冻土冻结后，强度会大大提高，残余变形明显降低，根据不同动应力幅值和负温下土试样残余应变的发展规律，给出同一动应力幅值下，季冻土残余应变随温度的发展规律，如图 4.5 和图 4.6 所示。

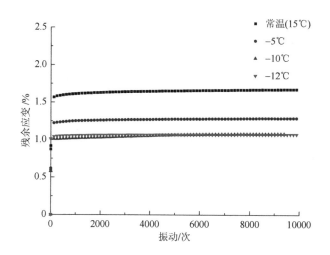

图 4.5　不同温度下试样的残余应变增长规律（动应力幅值为 100kPa）

通过对比图 4.5 和图 4.6 可以看出，同等动应力幅值及同等振动次数下，试样残余应变随着温度的降低而减小，同等动应力幅值下，负温下的试样残余应变明显低于常温土试样，在一定振动次数后，不同温度下试样的残余应变发展近似呈平行状态。在振动 10000 次、动应力幅值为 100kPa 的条件下，–5℃试样的残余应变较常温试样降低约 17%，–10℃和–12℃试样的残余应变较常温试样残余应变降低约 40%；在振动 1000 次、200kPa 动应力幅值条件下，–5℃试样的残余应变较常温试样降低约 52%，–10℃和–12℃试样的残余应变较常温试样降低约 60%。同时也可以看出，在试验温度设定范围内，动应力幅值较高时，试样的残余应变对温度更敏感。

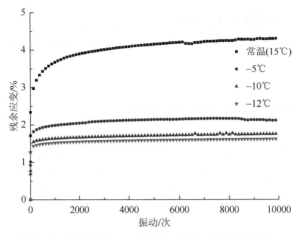

图 4.6　不同温度下试样的残余应变增长规律（动应力幅值为 200kPa）

4.2.5　季冻土振陷模型

可用振陷模型模拟季冻土冻结阶段的残余应变增长规律，对冻土而言，常用的振陷模型[7, 10]有

$$\varepsilon = A + Bt + Ct^{1/n} \tag{4.1}$$

$$\varepsilon_p = A'N^{B'} \tag{4.2}$$

式中，A 为瞬时应变；B 为黏塑流蠕变；C 为衰减蠕变；A'、B'为回归系数。

Monismith 模型为两参数指数模型，可以较好地描述不同温度、不同动应力幅值和不同振动次数下的季冻土残余应变增长规律，且该模型参数少，使用简单，因此选取其作为振陷模型，来预测季冻土残余应变。

为方便选取模型参数，拟合不同动应力幅值、不同温度下季冻土的残余应变随振动次数的增长规律，拟合曲线如图 4.7～图 4.10 所示。

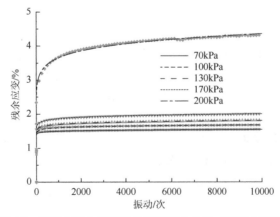

图 4.7　季冻土残余应变增长规律拟合曲线（常温 15℃）

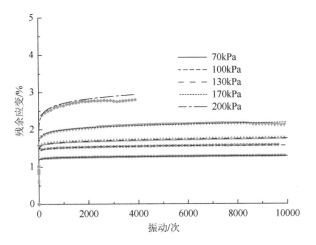

图 4.8　季冻土残余应变增长规律拟合曲线（-5℃）

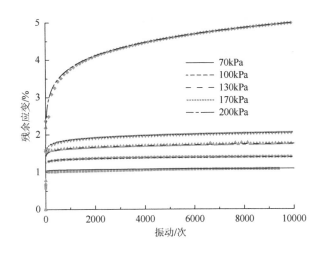

图 4.9　季冻土残余应变增长规律拟合曲线（-10℃）

　　通过图 4.7～图 4.10 中的拟合曲线可以看出，在不同温度和动应力幅值下，拟合曲线能够较好地反映试验结果，可用于预测季冻土残余应变随振动次数的增长规律。模型主要参数有两个，分别为振陷模型参数 A 和 B，可根据拟合曲线计算得到这两个参数。结果表明，振陷模型参数 A 随动应力幅值的增加而增大，随负温降低而减小；振陷模型参数 B 随动应力幅值的增加而增大，随负温降低而减小。由此可见，动应力幅值对振陷模型参数 A 和 B 起到放大作用，而负温则相反。其中，振陷模型参数 A 随动应力幅值及温度的变化规律如表 4.3 所示，振陷模型参数 B 随动应力幅值及温度的变化规律如表 4.4 所示。

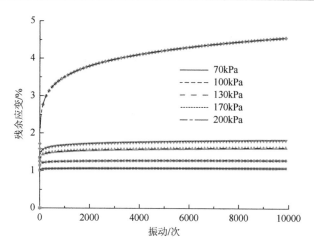

图 4.10　残余应变增长规律拟合曲线（-12℃）

表 4.3　振陷模型参数 _A_ 随动应力幅值及温度的变化规律

动应力幅值/kPa	常温（15℃）	-5℃	-10℃	-12℃
70	1.362	—	—	—
100	1.387	1.151	1.010	1.080
130	1.417	1.350	—	—
150	—	—	1.204	1.144
170	1.503	1.393	—	—
200	2.159	1.527	1.322	1.262
250	—	1.790	1.400	1.320
300	—	—	1.654	1.584

注："—"为未进行试验的工况，下同。

表 4.4　振陷模型参数 _B_ 随动应力幅值及温度的变化规律

动应力幅值/kPa	常温（15℃）	-5℃	-10℃	-12℃
70	0.0137	—	—	—
100	0.0207	0.0120	0.0080	0.0070
130	0.0265	0.0166	—	—
150	—	—	0.0160	0.0131
170	0.0311	0.0251	—	—
200	0.0762	0.0386	0.0307	0.2801
250	—	0.0600	0.0400	0.0350
300	—	—	0.1200	0.1150

根据振陷模型参数拟合表，得到动应力幅值对振陷模型参数 A 和 B 的影响，分别如图 4.11 和图 4.12 所示。

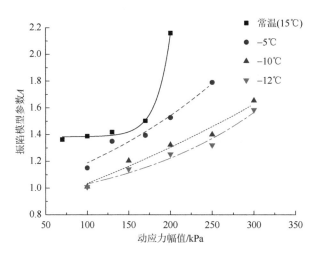

图 4.11　不同温度下振陷模型参数 A 随动应力幅值的变化规律

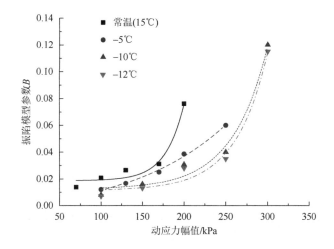

图 4.12　不同温度下振陷模型参数 B 随动应力幅值的变化规律

由图 4.11 和图 4.12 可知，Monismith 模型中的振陷模型参数 A 和 B 均随着动应力幅值的增加而增大，呈现指数增长趋势，越接近破坏状态，振陷模型参数增长越快。非破坏状态下，温度越低，振陷模型参数受动应力幅值的影响越小。

根据振陷模型参数拟合表，温度对振陷模型参数 A 和 B 的影响分别如图 4.13 和图 4.14 所示，正温部分模型参数基本不变，故从 0℃开始绘制。

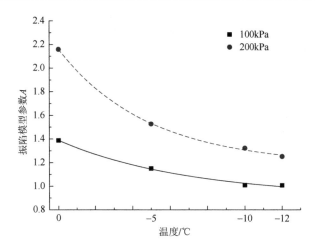

图 4.13　不同动应力幅值下振陷模型参数 A 随温度的变化规律

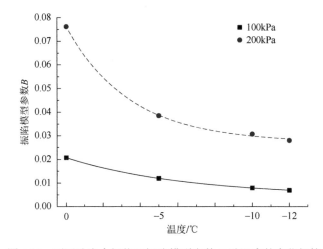

图 4.14　不同动应力幅值下振陷模型参数 B 随温度的变化规律

由图 4.13 和图 4.14 可以看出，同一动应力幅值下，随着温度的降低，振陷模型参数 A 和 B 不断减小，–5℃和–10℃之间存在一个临界值，低于此温度后对参数的影响变小。

4.3　冲击型动力荷载

4.3.1　冲击型动力荷载概念

运动的物体以一定的速度向静止物体（被冲击物）冲击时，由于被冲击物的阻碍作用,其运动状态在极短时间内发生变化,被冲击物受到的力称为冲击荷载,此为工程上冲击荷载的概念。

在地震工程领域,依据地震荷载对场地、地基或结构作用效果的不同,通常将地震荷载分为冲击型和振动型(往返型)两种。以图 4.15 所示的 Elcentro 地震荷载半幅为例,冲击型和振动型地震荷载的确定原则如下:以地震荷载加速度时程曲线峰值的 0.65 倍为分界值,若达到或超过分界值的波幅数不超过 2 个,对应的不规则地震荷载属于冲击型,否则属于振动型(往返型),此为地震工程研究领域中冲击型地震荷载的概念。

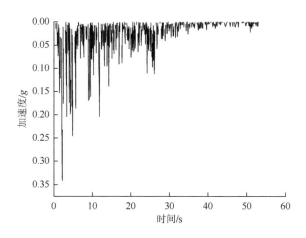

图 4.15　Elcentro 地震荷载半幅加速度时程

交通荷载在大小和时间上也具有随机性,类似于地震工程中的地震荷载。其中,重载车辆对地基的动力作用与冲击型地震荷载的作用相类似,作者称其为冲击型动力荷载,它不断施加于道路路基,路基受到的动应力既呈现随机性,也有冲击型的特点。冲击型动力荷载对土体变形有很大影响,是造成路基沉降、道路破坏的主要因素,会导致路基残余变形发生突变,这一特性与等幅荷载的作用效果有很大区别。

之所以把包含重载、超载在内的交通荷载用冲击型动力荷载概念去表述,是因为这里的“型”可理解为一个长时加载序列,不是一次加载过程。图 4.16 和图 4.17 是作者所在团队利用现场试验路段,基于土压力传感器和光纤光栅传感器采集到的路基土动应力、动位移曲线,不同轴重车辆所产生的力和变形差别很大,如果再耦合冻融循环作用,实际差异会更大。从时程曲线上来看,交通荷载基本符合前面提到的地震工程中冲击型地震荷载的特点:路基受到的实际交通荷载作用由幅值大小不同的加载序列组成,不是一次加载,而是一“簇”加载,呈现随机性和冲击型的特点；若有重载车辆参与，作用在路基上的动应力幅值会显著增加，呈现出冲击特性。冲击型动力荷载的概念能很好地反映交通荷载的这两个基本特征。图 4.18 为某一时段监测到的不同车型荷载作用下路基土的动应力时程，可看作由不同时长的冲击型动力荷载组合而成，对路基产生一系列冲击作用，因此在交通荷载下的季冻土变形特性研究中，加载设计时要充分考虑这种荷载的作用效果。

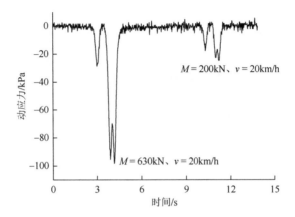

图 4.16　车辆荷载下的路基土动应力时程

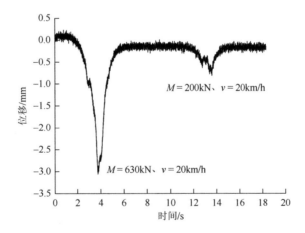

图 4.17　车辆荷载下的路基土动位移时程

　　冲击型动力荷载概念就是要突出一个"型"字，表明其是一个加载序列，同时充分考虑实际交通荷载的随机性和冲击作用效果。

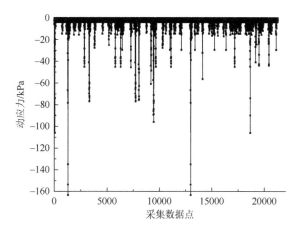

图 4.18　不同车型荷载作用下的路基土动应力时程

4.3.2　三轴试验中几种简单的冲击型动力荷载

交通荷载具有冲击特性，而路基土的变形响应也具有同样特点，这是以往循环荷载试验中很难看到的现象。加载的特殊性也带来了路基响应的特殊性，但这种响应的特殊性却是不利的，甚至是具有破坏性的。一个大幅值的冲击荷载，就可能造成不允许的路基变形或破坏，甚至比众多小幅值长时间持续加载产生的破坏力更大，因此有必要对这种路基的受力模式进行深入研究。

在以往模拟交通荷载作用效果的三轴试验中，动应力荷载是等幅值施加的，通过改变动应力幅值的大小研究动应力对路基土累计变形的影响，如图 4.19 所示。这种方式只能反映路基土的疲劳特性，加载过程中没有幅值的改变，无法反映交通荷载的随机性和冲击型作用特点。在动三轴试验中，由于技术的限制，要完全复现实际的加载形式很困难，为了使荷载形式更加接近实际，作者对以往的等幅值循环荷载加载方法进行了改进，采用不同循环荷载组合的形式来实现。

在施加动应力过程中，组合成不同动应力幅值的波形，如图 4.20 所示，可以称为"大小小""小大小"和"小小大"模式，通过改变动应力幅值来模拟不同轴重的车型，以此反映路基受到的交通荷载作用。按照实测数据设置小型车和重载车作用下产生的动应力幅值，其中小荷载和大荷载（峰值）的比例可通过研究试验路段的交通流量来设置。这种加载方式既能体现不同轴重的冲击型动力荷载对路基土的作用效果，也能体现加载序列（不同轴重组合）对路基土变形的综合影响，能够在试验设计中较好地反映现场状况，也反映了交通荷载中包含的随机性和冲击型特点。在试验设计过程中，用三轴的加载峰值模拟现场实测冲击型动力荷载的最大幅值，通过不同幅值的正弦波组合来实现随机加载。

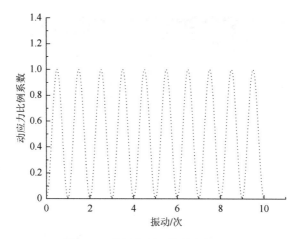

图 4.19　等幅值循环荷载加载形式

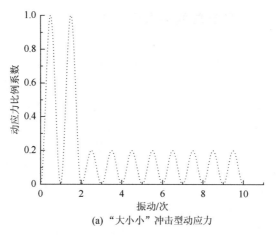

(a) "大小小"冲击型动应力

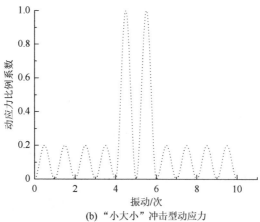

(b) "小大小"冲击型动应力

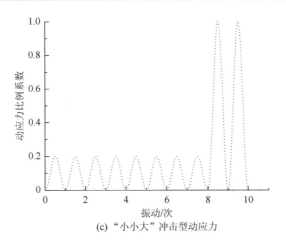

(c) "小小大" 冲击型动应力

图 4.20 冲击型动应力加载形式

通过三轴试验研究冻融循环与冲击型动力荷载协同作用下路基土的变形特点，主要变化因素为冻融作用、冲击型动应力幅值及加载序列。

首先考虑冲击型动应力幅值的影响，选取较为普遍的"小大小"冲击型动应力加载形式，实际道路中的小型车数量远高于重载车数量，在该荷载组合中，循环加载次数为 50-2-50。其中，小型车荷载对应的动应力幅值选取 30kPa，不同载重的重载车或者超载车的动应力幅值选取 60kPa、80kPa、100kPa、120kPa、140kPa，加载方案见表 4.5。

表 4.5 冲击型动应力加载方案

项目	小荷载	大荷载	小荷载
动应力幅值/kPa	30	60、80、100、120、140	30
循环加载次数/次	50	2	50

完成冲击型动应力幅值影响试验后，选取某一大荷载动应力幅值（120kPa），调整其在加载序列中出现的时刻，观察其对土的变形的影响，加载方案见表 4.6。

表 4.6 冲击型动应力幅值位置加载方案

项目	"大小小"	"小大小"	"小小大"
动应力幅值/kPa	120-30-30	30-120-30	30-30-120
循环加载次数/次	2-50-50	50-2-50	50-50-2

试验中其他因素如下：考虑未经冻融循环和经冻融循环作用 1 次两种状态，围压选为 100kPa，试验方式为不固结不排水。

4.4　冲击型动力荷载下季冻土残余应变规律

4.4.1　冲击型动应力幅值影响

按表 4.5 中的试验方案施加"小大小"冲击型动应力，给出未经冻融循环的土在不同动应力幅值作用下的残余应变，试验结果如图 4.21 所示。

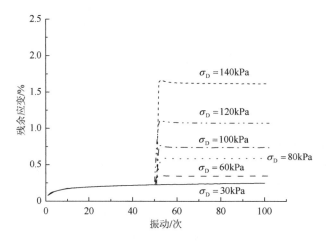

图 4.21　不同冲击型动应力幅值下土的残余应变

如图 4.21 所示，当未经冻融循环的土受到"小大小"冲击型动应力时，残余应变随着振动次数的增加而不断增大，当峰值出现后（冲击发生），土的残余应变出现跳跃，且随着冲击型动应力幅值的增大，残余应变曲线整体提升，达到动应力峰值后再进行小幅值动应力加载，土的残余应变增大量很小。试验显示，冲击型动应力峰值对土的变形起到决定性作用。

不同冲击型动应力幅值下土的残余应变值变化情况如表 4.7 所示。以小荷载 30kPa（小型车作用）造成的残余应变为基准，60kPa 时较基准值放大 1.36 倍，80kPa 时较基准值放大 2.36 倍，100kPa 时较基准值放大 2.96 倍，120kPa 时较基准值放大 4.28 倍，140kPa 时较基准值放大 6.44 倍，冲击型动应力幅值放大倍数与残余应变放大倍数之间的关系如表 4.8 所示。

表 4.7　不同冲击型动应力幅值下土的残余应变

冲击型动应力幅值/kPa	残余应变/%
30	0.25
60	0.34
80	0.59
100	0.74
120	1.07
140	1.61

表 4.8　冲击型动应力幅值放大倍数与残余应变放大倍数的关系

冲击型动应力幅值放大倍数	残余应变放大倍数
1	1.00
2	1.36
2.7	2.36
3.3	2.96
4	4.28
4.7	6.44

　　绘制不同冲击型动应力幅值下土的残余应变变化曲线及残余应变放大倍数与冲击型动应力幅值放大倍数的关系图，分别如图 4.22 和图 4.23 所示。

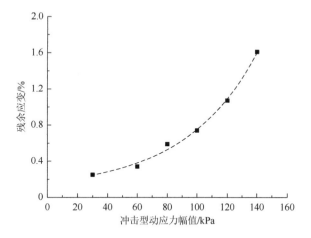

图 4.22　不同冲击型动应力幅值下土的残余应变变化曲线

　　土的残余应变与冲击型动应力幅值及残余应变放大倍数与冲击型动应力幅值放大倍数之间均呈指数型增加，满足如下模型：

$$y = a + bx^c \tag{4.3}$$

式中，a、b、c 为模型参数，土的残余应变放大倍数与冲击型动应力幅值放大倍数模型中的参数取值如下：$a = 0.27$、$b = 0.39$、$c = 1.70$。

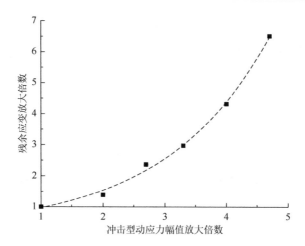

图 4.23　残余应变放大倍数与冲击型动应力幅值放大倍数的关系

4.4.2　冲击型动应力峰值位置影响

表 4.5 所示的试验方案完成之后，固定选取 120kPa 作为冲击型动应力峰值进行试验，研究冲击型动应力峰值出现在不同时刻对土的残余应变的影响，分别施加 "大小小" "小大小" "小小大" 冲击型动应力，试验结果如图 4.24 所示。

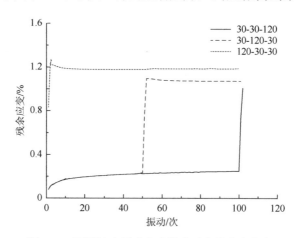

图 4.24　不同冲击型动应力组合下土的残余应变

由图 4.24 可知，不同冲击型动应力组合作用下，土的残余应变存在跳跃性增长，峰值的出现对土的变形起控制作用，峰值出现越早，土越早出现大变形，若峰值出现在开始阶段，土的残余应变为 1.19%；随着峰值出现位置的推后，如当小荷载加载 50 次后再出现峰值，土的残余应变为 1.07%；而当小荷载加载 100 次之后才出现峰值时，土的残余应变为 1.01%。因此，冲击型动应力峰值出现位置对土的残余应变有重要影响。而经历过适当小荷载作用后，即使受到的冲击型动应力峰值相同，土的总残余应变下降幅度也将高达 15%。

4.4.3　冻融循环与冲击型荷载协同作用下季冻土残余应变规律

对于冻融循环作用下土力学特性的研究，多数集中在土的抗剪强度特性规律方面，而冻融循环与车辆荷载协同作用下的研究尚待丰富，这种状况既常见，又危险，不能回避。考虑交通荷载的影响，王静等[19]给出了循环荷载作用下塑性指数不同的路基土的动弹性模量、动剪切模量和阻尼比的变化规律；丁智等[20]通过微观结构观测方法，给出了人工冻融软土在循环荷载及冻融循环作用下的结构性变化；王天亮等[21]研究了冻融循环作用后水泥石灰复合土的动力特性，提出了冻融循环临界动应力衰减系数的概念；戴文亭等[22]基于循环荷载下的动三轴试验，给出了冻融循环作用下路基粉质黏土动强度和动模量的变化规律，给出了动模量损失模型；崔宏环[23]同样开展了相关研究，提出了损伤因子的概念。

季冻土路基受交通荷载和冻融循环作用双重影响，经历冻融循环作用之后，路基强度会减小，道路容易发生沉陷、翻浆等灾害。以往对于交通荷载下路基土变形的试验研究，大多通过施加不同幅值的循环荷载来实现，而这种循环荷载反映的却是路基土的疲劳特性，无法反映实际车辆荷载的冲击特性。事实上，由于道路通行车型混杂，路基土受到的车辆荷载在时间和大小上都是随机的，这种冲击型动应力的作用方式对路基变形的影响原本就很大，再与冻融循环作用相耦合，即路基在最危险的状态受到破坏性最强的外力作用，产生的灾害必然会被放大，因此有必要对此进行深入研究。

试验发现，经历冻融循环作用之后，土的残余应变会有较大增加，如图 4.25 所示。

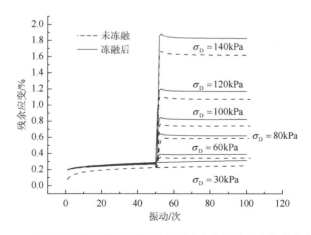

图 4.25　冻融循环作用前后不同冲击型动应力幅值下土的残余应变

如图 4.25 所示，冻融循环作用后的土受"小大小"冲击型动应力时，与不考虑冻融循环的情形类似，冲击型动应力峰值对土的变形同样起决定性作用，而冻融循环作用在一定程度上放大了土的残余应变，见表 4.9，冲击型动应力幅值为30kPa 时，冻融循环作用的放大倍数是 1.24，随着冲击型动应力幅值增大，冻融循环作用的影响趋于稳定，放大倍数在 1.10 左右。

表 4.9   冻融循环作用前后不同冲击型动应力幅值下土的残余应变

参数	30kPa	60kPa	80kPa	100kPa	120kPa	140kPa
冻融循环前残余应变/%	0.25	0.34	0.59	0.74	1.07	1.61
冻融循环后残余应变/%	0.31	0.39	0.62	0.82	1.17	1.83
放大倍数	1.24	1.15	1.05	1.11	1.09	1.14

以冻融循环前小荷载动应力幅值 30kPa（小型车作用）造成的残余应变为基准值，冻融循环后小荷载动应力幅值 30kPa（小型车作用）造成的残余应变较基准值放大 1.24 倍，60kPa 较基准值放大 1.56 倍，80kPa 较基准值放大 2.48 倍，100kPa 较基准值放大 3.28 倍，120kPa 较基准值放大 4.68 倍，140kPa 较基准值放大 7.32 倍，冲击型动应力幅值放大倍数与残余应变放大倍数之间的关系如表 4.10 所示。

表 4.10   冻融循环前后冲击型动应力幅值放大倍数与残余应变放大倍数之间的关系

参数	放大 1 倍	放大 2 倍	放大 2.7 倍	放大 3.3 倍	放大 4 倍	放大 4.7 倍
冻融循环前残余应变放大倍数	1.00	1.36	2.36	2.68	4.28	6.44
冻融循环后残余应变放大倍数	1.24	1.56	2.48	3.28	4.68	7.32

图 4.26 为冻融前后土的残余应变与冲击型动应力幅值的关系，从中可以看出冻融循环前后，土的残余应变均随冲击型动应力幅值增加而增大，呈现指数型变化模式，冻融循环作用对土的残余应变的放大作用基本趋于定值，同等荷载幅值作用下，冻融循环作用本身对土的残余应变的放大作用在 10%左右。

图 4.27 为考虑冻融循环作用和加载序列时对土的变形的影响。冲击型动应力的峰值荷载设定为 120kPa，土经冻融循环作用后加载。按"大小小"加载形式产生的残余应变为 1.49%，较未经冻融循环情形放大了 1.25 倍；按"小大小"加载形式产生的残余应变为 1.17%，较未经冻融循环情形放大了 1.09 倍；按"小小大"加载形式产生的残余应变为 1.10%，较未经冻融循环情形放大了 1.09 倍，详见表 4.11。由此可以看出，冲击型动应力峰值出现位置对土的变形有决定性影响，

而峰值出现位置越靠前，冻融循环作用的影响越明显，经历一定振动次数的小荷载加载之后，冻融循环作用的影响逐渐趋于稳定，对土的残余应变的放大作用约为10%。

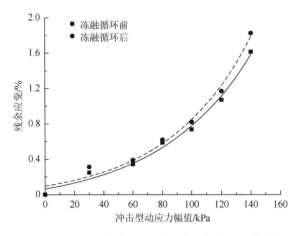

图 4.26 冻融循环前后不同冲击型动应力幅值下土的残余应变

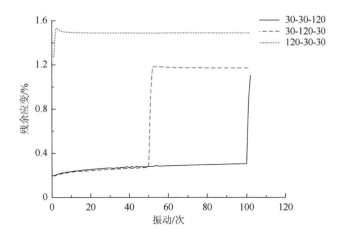

图 4.27 冻融循环后不同荷载组合下土的残余应变

表 4.11 冻融循环前后不同荷载组合下土的残余应变

荷载组合/kPa	未冻融/%	冻融后/%	放大倍数
150-30-30	1.19	1.49	1.25
30-150-30	1.07	1.17	1.09
30-30-150	1.01	1.10	1.09

　　研究结果显示，荷载的冲击作用与季冻土冻融循环作用的相互耦合叠加对道路路基的危害很大，产生较大的永久变形是其显著特征。所提供的工程建议如下：第一，道路建成后，在初始运营阶段要严格控制车辆载重，限制重载车通行，避免开始阶段路基产生大变形，待运营一段时间后，重载车再逐步通行；第二，春融初期，季冻土路基冻融破坏风险较大，此时应严格限制重载、超载车辆通行，同样，待小型车辆通行一段时间后，冻融循环作用对路基变形的影响基本稳定后，再逐步放开。具体量化方案可结合工程需求和现场实际专门研究确定。

4.5　本章小结

　　本章基于新型低温振动三轴仪，以交通工程为研究背景，以接近季冻土路基实际情况的埋藏条件、季冻土路基动应力水平和冻结条件，研究了循环荷载下季冻土冻结期的残余变形规律，选用 Monismith 模型对残余应变进行拟合，得到了更符合实际的振陷模型参数。借鉴地震工程中对随机地震荷载的描述，提出了冲击型动力荷载的概念，研究了冻融循环与冲击型动应力协同作用下土的残余变形特性，给出了冻融循环前后不同冲击型动应力幅值和加载序列下土的残余应变的变化规律，主要结果如下。

　　（1）循环荷载下，季冻土冻结阶段的残余变形增长模式为：随着振动次数的增加，在开始阶段残余应变增长较快，之后缓慢增长；当动应力超过临界动应力之后，土的残余应变迅速增长。冻结阶段，季冻土残余应变随温度降低而减小；随着冲击型动应力幅值的增加，负温土的残余应变明显低于常温土；在一定次数的循环荷载作用之后，土的残余应变发展近似呈平行状态；在设定的试验温度范围内，冲击型动应力幅值较高时，土的残余应变对温度更敏感，−5℃和−10℃之间存在一个临界的负温，超过临界值，温度对土的残余应变的影响变小。

　　（2）循环荷载下，季冻土冻结阶段残余应变增长规律符合 Monismith 模型。随着动应力的增加，振陷模型参数 A、B 不断增大；随着温度的降低，振陷模型参数 A、B 不断减小，并趋于稳定。

　　（3）提出了冲击型动力荷载的概念。在冲击型动应力加载过程中，土的残余应变出现跳跃式增长，峰值荷载的大小决定了土的残余应变幅值大小，且残余应变随应力幅值增大呈指数形式增长。峰值荷载出现越早，路基土越早进入大变形阶段，若峰值出现前经历一定次数的小幅值荷载作用，可使路基土的残余应变降低 15% 左右。

　　（4）冻融循环前后，土的残余应变均随冲击型动应力幅值的增大而增加，并呈现指数型变化模式。冻融循环对土残余应变的放大作用基本趋于定值，冲击型动应力幅值相同时，冻融循环对土的残余变形的放大作用约为 10%。冲击型动应力峰值出现时刻对土的变形产生重大影响，且出现位置越靠前，冻融循环作用的影响越明显。

（5）依据试验发现的冲击型动应力与冻融循环的协同作用规律，可为交通运输管理提供参考借鉴，如工程竣工初期的重载车辆管控问题及春融特殊时期的交通管理问题等。

由于三轴试验的技术限制，目前尚不能真正再现随机加载，所有的荷载加载方式均采用正弦波调制转换后施加，因此试验模拟存在一定缺陷，研究有待深入。

参 考 文 献

[1]　王淼, 孟上九, 王兴隆, 等. 循环荷载下冻土振陷增长规律试验研究[J]. 岩土工程学报, 2016, 38（5）: 916-922.

[2]　Wang M, Meng S J, Yuan X M, et al. Experimental validation of vibration-excited subsidence model of seasonally frozen soil under cyclic loads[J]. Cold Regions Science and Technology, 2018, 146, 175-181.

[3]　程有坤, 孟上九, 汪云龙, 等. 光纤光栅在动载作用下路基变形监测中的应用[J]. 地下空间与工程学报, 2014, 10（z2）: 1887-1892.

[4]　赵鸿铎. 轴载测定与轴载谱分析[J]. 公路, 2002, 12: 70-75.

[5]　杭文, 李旭宏, 何杰, 等. 公路货物超载运输轴载调查及数据分析研究[J]. 公路交通科技, 2005, 22（8）: 145-148.

[6]　宇德忠, 杨洪生, 程培峰. 黑龙江省高等级公路轴载分布规律的研究[J]. 公路, 2015, 3: 120-124.

[7]　朱元林, 何平, 张家懿, 等. 冻土在振动荷载作用下的三轴蠕变模型[J]. 自然科学进展, 1998, 8（1）: 62-64.

[8]　徐春华, 徐学燕, 沈晓东. 不等幅值循环荷载下冻土残余应变研究及其 CT 分析[J]. 岩土力学, 2005, 26（4）: 572-576.

[9]　朱占元, 凌贤长, 胡庆立, 等. 中国青藏铁路北麓河路基冻土动应变速率试验研究[J]. 岩土工程学报, 2007, 29（10）: 1472-1476.

[10]　朱占元. 青藏铁路列车行驶多年冻土场地路基振动反应与振陷预测[D]. 哈尔滨: 哈尔滨工业大学, 2009.

[11]　Zhu Z Y, Ling X Z, Wang Z Y, et al. Experimental investigation of the dynamic behavior of frozen clay from the Beiluhe subgrade along the QTR [J]. Cold Regions Science and Technology, 2011, 69（1）: 91-97.

[12]　高志华, 石坚, 张淑娟, 等. 高含冰量冻土动强度和残余应变的试验研究[J]. 冰川冻土, 2009, 31（6）: 1143-1149.

[13]　王立娜. 青藏铁路多年冻土区列车行驶路基振动反应与累积永久变形[D]. 哈尔滨: 哈尔滨工业大学, 2013.

[14]　罗飞, 赵淑萍, 马巍, 等. 分级循环荷载作用下冻土动应变幅值的试验研究[J]. 岩土力学, 2014, 35（1）: 123-129.

[15]　罗飞, 赵淑萍, 马巍, 等. 青藏冻结黏土滞回曲线形态特征的定量研究[J]. 岩石力学与工程学报, 2013, 32（1）: 208-215.

[16]　罗飞, 赵淑萍, 朱占元, 等. 分级加载下冻结黏土的动应变幅变化特征[J]. 冰川冻土, 2016, 38（4）: 1012-1017.

[17]　张书良. 北黑高速公路岛状冻土退化对路基稳定性影响的研究[D]. 哈尔滨: 东北林业大学, 2012.

[18]　Shan W, Jiang H, Hu Z G, et al. Island permafrost degrading process and deformation characteristics of expressway widen subgrade foundation[J]. Disaster Advances, 2012, 5（4）: 1291-1296.

[19]　王静, 刘寒冰, 吴春利, 等. 冻融循环对不同塑性指数路基土动力特性影响[J]. 岩土工程学报, 2014,

36（4）：633-639.

[20] 丁智，洪其浩，魏新江，等. 地铁列车荷载下人工冻融软土微观试验研究[J]. 浙江大学学报（工学版），2017，51（7）：1291-1299.

[21] 王天亮，刘建坤，田亚护. 水泥及石灰改良土冻融循环后的动力特性研究[J]. 岩土工程学报，2010，32（11）：1733-1737.

[22] 戴文亭，魏海斌，刘寒冰，等. 冻融循环下粉质黏土的动力损失模型[J]. 吉林大学学报（工学版），2007，37（4）：790-793.

[23] 崔宏环. 冻融循环条件下路基粉质粘土力学特性及本构模型研究[D]. 北京：北京交通大学，2017.

第 5 章　季冻土工程现场测试新方法

5.1　概　　述

岩土力学和岩土工程的发展离不开室内试验，前面已经叙述很多，但与工程实际联系更紧密的现场测试分析工作也同样重要，特别是高灵敏度、高适应性、高集成性先进测试仪器的发展极大促进了岩土力学和岩土工程的发展。

永久冻土和季冻土分布区域内的工程结构，其强度和稳定性除受作用荷载的影响外，如太阳辐射、气温、降雨等自然环境因素的作用也不容忽视。因此，对季冻土工程开展现场测试显得十分必要而迫切。近年来，作者团队以交通工程为应用背景，自主研发了季冻区路基温度、变形测试系统，为季冻土工程现场测试提供了一套新方法。

5.2　基于蓝牙传感技术的温度测试新方法

5.2.1　路基温度测试概述

由于温度状态对路基强度及稳定性具有重要意义，国内外学者采用多种方法对路基温度场进行了现场测试和数值模拟研究。目前，国内应用较多的路基温度测试方法主要包括传统的热敏电阻测试、DS18B20 温度传感器测试、光纤光栅传感器测试等。

1. 基于热敏电阻的路基温度测试

热敏电阻是一种采用陶瓷或聚合物等半导体材料制成的传感器电阻，属于温度敏感元件，当温度变化时，其电阻值变化显著，如图 5.1 所示。

热敏电阻的这一特性是其作为温度传感器的基本工作原理，其主要特点如下。

（1）灵敏度高。

（2）量程较大，测温范围为–50～100℃，高温量程甚至可达 300℃。

（3）体积小巧，安装方便。

（4）有较好的稳定性和较强的过载能力。

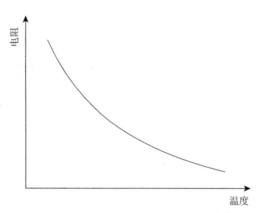

图 5.1　热敏电阻温度特性曲线

2. DS18B20 温度传感器在路基温度测试中的应用

DS18B20 温度传感器是由美国 Dallas 半导体公司生产的，所测温度直接以"一线总线"的数字方式传输，与传统的易受环境干扰的模拟信号相比，极大地提高了系统抗干扰能力。

该传感器工作原理如下：振荡频率受温度影响小的低温度系数晶振产生固定频率脉冲信号并传递给计数器 1，温度变化时振荡频率发生明显变化的高温度系数晶振产生脉冲信号并作为输入传递给计数器 2；计数器 1 和温度寄存器预置为 −55℃对应的基数值，当接收到来自低温度系数晶振产生的固定频率脉冲信号时，由计数器 1 进行减法计数，直至其预置值减小为 0，温度寄存器的值加 1，计数器 1 重新设为预置值，并对低温度系数晶振产生的固定频率脉冲信号进行新一轮计数。重复上述步骤直至计数器 2 计数为 0 时，温度寄存器数值累加停止，此时温度寄存器数值即所测温度值。图 5.2 为 DS18B20 温度传感器测温原理示意图，图中斜率累加器的作用是补偿和修正测温过程中的非线性，其输出用于修正计数器 1 的预置值。

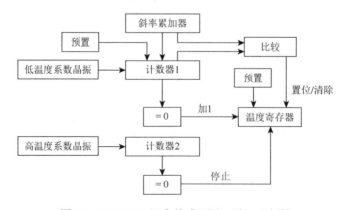

图 5.2　DS18B20 温度传感器测温原理示意图

该传感器的主要特点如下。

（1）量程大、精度高，量程为–55～125℃，在–10～85℃时精度为±0.5℃。

（2）分辨率高，可编程的分辨率为 9～12 位，对应的可分辨温度分别为 0.5℃、0.25℃、0.125℃和 0.0625℃。

（3）转换时间短，传输距离长。

（4）测量结果直接输出数字温度信号，具有极强的抗干扰和纠错能力。

（5）支持多点组网功能，多个 DS18B20 温度传感器可并联在唯一的三线上，实现组网多点测温。

（6）不需要外围元件，体积小。

3. 基于光纤光栅传感器的路基温度测试

光纤光栅类传感器的特点主要有：高灵敏、高精度、抗电磁干扰、体积小、重量轻、耐腐蚀、损耗低；而且一根光纤上可刻入多个 FBG 形成分布式传感器，易于组网以实现多点监测[1, 2]。

目前工程上采用的热敏电阻等传统电学传感器在自然环境下和埋入式测温中易腐蚀、易受电磁场干扰、远距离测试信号损失严重。另外，进行多点测试时，由于每个传感器均要独立引线，组网困难，不利于长期连续监测。为满足这一特殊的工程需要，作者所在团队基于低功耗蓝牙传感技术开发了季冻区路基温度测试系统。

5.2.2　蓝牙温度传感器系统设计

1. 无线通信概述

对于路基这样的隐蔽工程，采用无线监测技术最为合适。无线传感网络由多个分散布置的传感器构成，传感器为无线传感网络感知和探测外部环境的神经末梢，它们各自独立又可通过无线射频方式互相通信。在无线传感网络中，可以根据测试需要任意改变传感器的位置（在信号传播范围之内），灵活设置网络形式。

在如今的无线通信技术中，比较成熟且流行的有无线宽带（Wi-Fi），紫蜂（ZigBee），蓝牙（bluetooth）三种协议。几种主流无线通信方式的性能对比如表 5.1 所示。

表 5.1　bluetooth、Wi-Fi、ZigBee 性能对比

性能	bluetooth	Wi-Fi	ZigBee
使用频段	—	2.4GHz	—
价格	适中	贵	适中
连接距离	理论 100m，实际 15m	100m	75m

性能	bluetooth	Wi-Fi	ZigBee
功耗	低	高	低
传输速度	1Mbit/s	54Mbit/s	250Kbit/s
设备连接能力	7	50	50
安全性	高	低	高
设备普及度	高	高	低

低功耗的蓝牙技术还具有成本低、设备普及度高的优点，且体积小，在路基等隐蔽工程中便于埋设，简单方便，数据传输安全性高。因此，选用低功耗蓝牙技术来构建季冻土路基温度无线传感网络。

2. 温度传感器硬件设计

1）低功耗蓝牙最小系统设计

美国德州仪器生产的 CC254X 系列蓝牙芯片包括 CC2540 和 CC2541，其中 CC2541 是一款功率优化的低能耗蓝牙射频芯片，并由此建立稳定可靠的无线网络节点。CC2541 集成了行业内先进的无线射频收发器和标准的增强型 8051 单片机，将 CC2541 应用于低功耗传感器设计中，主要是因为其能耗低，另外其芯片运行温度范围为 $-40\sim85$℃，比较适用于冻融循环作用下的路基温度监测。

2）硬件开发环境

硬件开发工具选用业内广泛使用的专业原理图与印刷电路板绘制软件 altium designer summer。

3）蓝牙低能耗底板设计

进行底板设计时主要考虑输入/输出（input/output，I/O）端口的扩展性和电池座的安装，选用 2.54mm 间距的排针以利于扩展，选用 CR2303 直插式纽扣电池底座，在底板上的两个 0805 贴片式发光二极管（light-emitting diode，LED）分别用于低功耗模式调试与运行状态显示，原理设计图如图 5.3 所示，板上资源共提供 17 个通用 I/O 端口，其中 2 个为下载调试复用口，1 个为集成电路（inter-integrated circuit，I^2C）总线接口，1 个复位按键，1 个电源接口用于连接外部电源。

在设计中，为了缩小尺寸，需要在电路板正反面同时安装元器件，同时为了保持系统引脚的扩展性，需要正反双面同时打孔，实际尺寸仅为 2.5cm×2.5cm×1.5cm。电路板布局布线如图 5.3（a）所示，在软件中的 3D 预览图如图 5.3（b）所示，低功耗蓝牙底板实物如图 5.4 所示，实测在空旷安静地区的有效无线通信距离可达 100m。

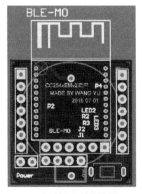

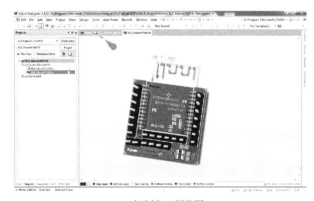

(a) 电路板布局布线图   (b) 电路板 3D 预览图

图 5.3 电路板原理设计图（见书后彩图）

(a)   (b)

图 5.4 低功耗蓝牙底板实物图

4）SHT20 温湿度传感器

在路基温度测试中，由于无线网络传感器节点采用电池供电，电池电量有限，必须在器件选型时考虑功耗大小。

综合考虑，选择了新一代温湿度传感器 SHT20，通过 I^2C 总线接口实现数字输出，功耗低。采用 8 位测量精度时，在每秒一次的测量频率下，功耗仅为 3.2μW，其特点如下：温度测量范围大，可达–40～125℃，精度误差为±0.3℃；尺寸小，大小仅为 3mm×3mm，厚度为 1.1mm，其性能参数如表 5.2 所示。

表 5.2 SHT20 温湿度传感器性能参数

性能	最小值	最大值	典型值
温度测量范围/℃	–40	125	—
CC2541 芯片的推荐运行温度范围/℃	–40	85	—

续表

性能	最小值	最大值	典型值
典型精度误差/℃	—	—	±0.3
功耗/μW	0.8	1.0	—

SHT20 温湿度传感器实物图如图 5.5 所示。

图 5.5　SHT20 温湿度传感器实物图

3. 蓝牙协议栈的开发

1）蓝牙协议栈

蓝牙协议栈结构如图 5.6 所示。

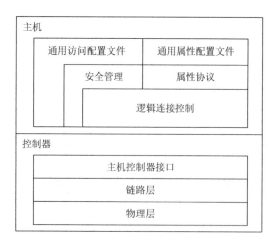

图 5.6　蓝牙协议栈结构

2）低功耗模式

传感器要埋置于路基内部，与介质完全结合在一起，必须保证整个测试期内的能量供应。因此，应尽可能降低能耗，延长传感器使用寿命。

在具体实现上，可以通过软件修改蓝牙协议栈代码，在预编译宏中定义低功耗模式。在此模式下，软件会自动根据事件中的定时器定义睡眠时间，以减少能耗。低功耗蓝牙系统中内置了 4 个不同大小的振荡源，用以实现不同的任务来节约能耗，频率分别为 32MHz、16MHz、32kHz、16kHz。

测试发现，当广播时间间隔在 10s 以上时，接收器很难发现设备或根本无法找到设备，故将广播时间间隔设置为 10s，即低功耗睡眠时间为 10s，然后根据需要设置采样周期。由于土内温度变化比较缓慢，将采样周期设置为 30s，在需要测试时，通过手机向其发送命令来"唤醒"采样，不需要测试时，再通过发送命令使其停止采样以降低能耗。在低功耗模式下，模块的待机电流小于 $10\mu A$，大大降低了模块能耗。经电量衰减测试及估算，一颗纽扣电池可以支持测试系统正常运行 1 年以上，可以满足季冻土在一个冻融循环（1 年）内的温度测试要求。

3）I^2C 通信

在单片机与集成电路（integrated circuit，IC）通信中，既要节省输入/输出端口资源，又要尽量保持通信速率在一个较高的水平。在如何兼顾通信速度与端口数量的问题上，可以利用 Philips 公司研制的双向两线总线以实现 IC 之间的有效控制，这个总线即 Inter IC 或 I^2C 总线。这种总线只要求两条线路，即一条串行数据线和一条串行时钟线，设计更简单，硬件整体效益更高。串行的 8 位双向数据传输位速率在标准模式下可达 100Kbit/s，在快速模式下可达 400Kbit/s，在高速模式下可达 3.4Mbit/s。

综合考虑，SHT20 温湿度传感器采用标准的 I^2C 协议与模块进行通信。

4）下位机软件开发环境

下位机软件开发工具选用美国德州仪器官方推荐的 IAR8.30，此款软件是美国德州仪器针对低功耗蓝牙协议栈优化开发的工具，程序编译效率较高。

5）蓝牙协议栈中关于温度测试的开发

考虑到蓝牙节点连接的应用，首先在美国德州仪器官方协议栈中利用主机和从机协议栈来构建主从一体协议栈，以便实现模块角色的切换。研究使用的是美国德州仪器的蓝牙协议栈 1.4.0，在此协议栈中，为了在连接期间获得更大的数据吞吐量或者使电流消耗更小，可以分别进行重叠处理与射频时暂停。

重叠处理允许通过每个连接间隔发送更多数据包以获得更大的数据吞吐量，射频时暂停是一种功能，指定中央处理器是否在收发无线传输时停止工作，使用射频时暂停会降低峰值电流但同时也会增加后处理。设计中，由于连接时的数据吞吐量较小，为了降低连接时的电流消耗，减小能耗，故在协议栈初始化后调用射频时暂停的应用程序接口。

4. 移动端 Android 应用程序设计

采用 Android 系统的手机作为移动端，版本为 4.4.4，应用程序（application，APP）

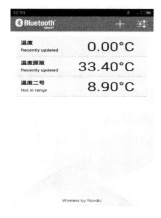

以 NORDIC 半导体公司的 nRF Temp 2 为蓝本，经修改后作为本测试专用 APP。该 APP 增加了 5s、10s 等蓝牙扫描间隔可选项；设计了温度计的蓝牙地址识别范围，可添加更多的蓝牙测试设备；修改了温度数据显示位数，可以显示小数点后两位的真实温度数据；能够储存多个蓝牙广播站的温度数据，并自动绘制温度变化图；可显示信号强度及设备电池的电量信息，蓝牙温度传感器手机 APP 操作界面如图 5.7 所示[3]。

图 5.7　蓝牙温度传感器手机
APP 操作界面

5. 系统集成及调试

为了保证设备在路基中正常工作，必须进行系统集成。设计的模块尺寸较小，为 2.5cm×2.5cm×1.5cm，故只需一个小型容器即可。在材质方面，考虑到如今的工程塑料能够承受一定的外力作用，具有良好的机械性能和耐高温、低温性能，尺寸稳定性较好，而且不会对信号的传输产生屏蔽作用，因此有较大应用优势。选用 ABS 塑料（丙烯腈-丁二烯-苯乙烯塑料），其具有优良的物理机械性能和热性能，应用广泛，价格便宜，将测试装置置于其中，然后用导热的硅胶加以填充，保证其密实性和导热性。

集成完成后，集成电路板天线一侧在上、温度传感器一侧在下，将其垂直插入目标深度的土体中，相较于扁平放置，这样有利于减小受力，保护设备，最后直接回填路基土即可。

5.2.3　传感器抗低温测试

蓝牙温度传感器的量程应覆盖季冻区土体全年温度变化范围，因此在将该系统用于实际工程前，需要先在实验室内对该传感器进行抗低温测试。使用日本爱斯佩克株式会社生产的 ESPEC PVS-3KP 温湿度试验箱进行测试，该设备的使用温度范围为-60～150℃，可根据需要设定目标温度。当设定目标温度为-25℃时，测试结果如图 5.8 所示。

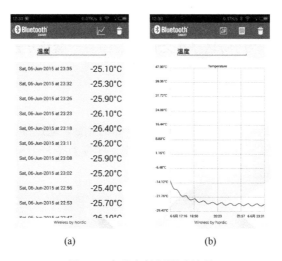

(a)　　　　　　　　　　　　(b)

图 5.8　实验室低温测试结果

由图 5.8 可以看到，在–25℃环境下，系统工作良好，数据采集连续，未出现数据错误及掉电丢失等情况，采集的数据真实地反映了试验箱内温度的波动情况，测试精度为±0.3℃，低温指标满足工程需要。

5.2.4　温度数据的采集

在进行温度数据采集时，根据之前通过下位机软件设置设备的广播时间间隔（10s）和采样周期（30s），最大限度地减少由于射频产生的电量消耗，使用手机上的 APP 扫描蓝牙广播，发送数据采集命令，其操作流程如图 5.9 所示。

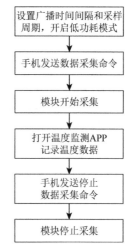

图 5.9　温度数据采集操作流程

5.3　基于 FBG 的路基变形测试新方法

目前，工程上多采用沉降管、沉降板、水准仪等传统仪器设备对路基沉降变形进行实测，产生的问题如下：设备的制作安装比较复杂，测试易受天气条件、仪器及人为因素影响，测试精度不高；更为重要的是，现有技术无法实现交通荷载作用下路基内部的变形实时监测。

近年来，光纤光栅传感技术开始广泛应用于土木工程领域，如桥梁健康监测、混凝土结构裂缝监测、管道腐蚀监测等。作者所在团队基于 FBG 自主研发了一套路基变形测试系统,为季冻区路基变形测试提供了一套新方法。

5.3.1 FBG 传感原理

FBG 即在纤芯内形成空间相位周期性分布的光栅,通过纤芯内形成的窄带(透射或反射)滤波器或反射镜来感知环境变化,实现对变形及温度的测量。图 5.10 所示为 FBG 结构示意图。

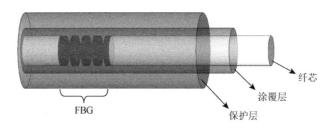

图 5.10　FBG 结构示意图

FBG 内部的折射率改变会引起微小的周期性调制,但折射率周期性变化只能影响宽度为 0.05～0.3nm 的窄带光谱,因此当宽带光波通过光纤光栅时,只有对应频率的入射光能够被反射回来,其他频率的入射光则沿初始方向经过光纤光栅透射出去,宽带光波通过光纤光栅的光路图和光谱图如图 5.11 所示。

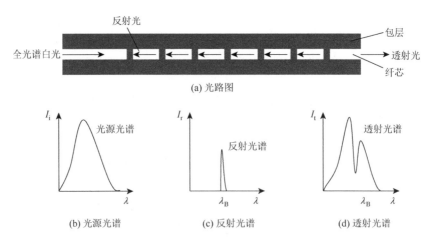

图 5.11　宽带光波通过光纤光栅的光路图和光谱图[1]

可将 FBG 的传感原理进一步理解为,测量对象的改变会引起 FBG 中心波长的变化，也称被测物理量对 FBG 具有相应的调制作用，只需要检测出 FBG 中心波长的变化量便能推算出被测物理量的大小。由光纤耦合模理论可知，当光纤光栅达到布拉格条件时，有

$$\lambda_B = 2n_{eff}\Lambda \tag{5.1}$$

式中，n_{eff} 为光纤光栅的有效折射率（0~1）；Λ、λ_B 分别为光栅周期和光栅中心波长（nm）。

从式（5.1）中可以看出，当被测物理量因为某种因素发生变化时，光栅周期 Λ 和光纤光栅有效折射率 n_{eff} 会发生相应的变化，从而引起光栅中心波长 λ_B 的变化。要检测待测物理量，只需要间接测量 λ_B 的变化即可。

当前，学者对 FBG 传感器的研究主要集中在其应力和温度的分布式测量，如式（5.2）所示，当应变 ε 和温度 T 发生改变时，相应的光栅中心波长 λ_B 的改变量为

$$\frac{\Delta\lambda_B}{\lambda_B} = (1-P_e)\varepsilon + (\alpha+\xi)\Delta T = k_\varepsilon\varepsilon + k_T\Delta T \tag{5.2}$$

式中，ε 为应变的变化量；P_e 为光栅的光弹系数；α 为热膨胀系数；ξ 为热光系数；ΔT 为温度变化（℃）；k_ε 和 k_T 分别表示 FBG 的应变敏感系数和温度敏感系数。

应力对 FBG 的影响机理为：光纤因受到轴向应力作用而产生轴向应变，使光纤的包层和纤芯直径减小，进而拉长了光栅的周期。温度对 FBG 的影响机理为：热膨胀效应直接使光栅周期发生变化，而温度产生的热光效应则会使光纤的折射率发生变化。用温度补偿或应变补偿等适当的方法使式（5.2）中应变和温度对光栅中心波长变化的贡献相互独立，研制出相应的应变传感器和温度传感器。

若采用温度补偿技术，则不必考虑温度变化影响，FBG 中心波长的改变量 $\Delta\lambda_B$ 与轴向应变变化 ε 之间的函数表达式为

$$\varepsilon = \frac{1}{\eta(1-P_e)}\left(\frac{\Delta\lambda_B}{\lambda_B}\right) \tag{5.3}$$

式中，常规单模 SiO_2 光纤光栅的光弹系数 $P_e = 0.22$；η 反映 FBG 的封装质量，其取值范围为 0~1，取 1 的时候封装效果最佳。

5.3.2 路基变形求解公式

路基内部环境复杂，且裸露的 FBG 在交通荷载作用下很容易被破坏，因此需要选择合适的承载体对 FBG 进行封装保护，作者所在团队基于 FBG 传感器设计了一种路基变形测试梁。

将 FBG 传感器牢固地嵌入测试梁中，测试梁一端固定，另一端可自由移动，因此测试梁的变形类似于力学中的悬臂梁，测试梁的竖向位移可以从其准分布轴向应变中获得，而轴向应变可以通过式（5.3）来计算。

测试梁是由基材、黏结剂、保护层等多种材料组成的叠合梁，其封装方法将在下文中详细描述。测试梁的刚度应尽量与土体刚度相近，且其表面经过糙化处理以保证其与周围路基土紧密贴合。通过强化梁体与路基变形的协调性，保证测试梁的竖向位移能够精确代表路基的竖向位移。

测试梁的竖向位移是基于连续介质力学理论和弹性力学理论推导得到的。图 5.12 所示为悬臂梁的侧向位移计算简图，截取两个 FBG 之间的梁段为一个计算单元，使用连续体在小位移下的几何方程，在计算中，假设材料的应变是线性的，并且小位移和应变之间存在线性几何关系[4, 5]。

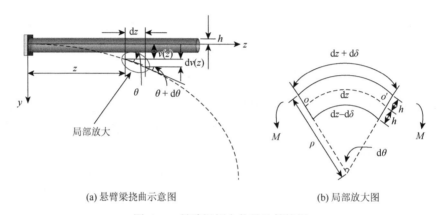

(a) 悬臂梁挠曲示意图   (b) 局部放大图

图 5.12　悬臂梁侧向位移计算简图

如图 5.12 所示，y 轴和 z 轴方向的位移、应变分别表示为 v、u、ε_y、ε_z，剪应变表示为 γ_{zy}，可得

$$\begin{cases} \varepsilon_z(z,y) = \dfrac{\partial u(z,y)}{\partial z} \\[2mm] \varepsilon_y(z,y) = \dfrac{\partial v(z,y)}{\partial y} \\[2mm] \gamma_{zy}(z,y) = \dfrac{\partial u(z,y)}{\partial y} + \dfrac{\partial v(z,y)}{\partial z} \end{cases} \tag{5.4}$$

因为梁的厚度相比梁的长度很薄，所以计算中忽略厚度方向上的正应变 ε_y 及剪应变 γ_{zy} 对变形的贡献。根据欧拉-伯努利梁理论，在弯矩作用下，梁的中性面 oo' 保持不变。综上，无穷小梁段 dz 中的弯曲应变可以表示为

$$\varepsilon_k(z) = \frac{\mathrm{d}\delta}{\mathrm{d}z} = \frac{(\mathrm{d}z + \mathrm{d}\delta) - \mathrm{d}z}{\mathrm{d}z} = \frac{[\rho(z) + y(z)]\mathrm{d}\theta - \rho(z)\mathrm{d}\theta}{\rho(z)\mathrm{d}\theta} = \frac{y(z)}{\rho(z)} \tag{5.5}$$

式中，$y(z)$ 为从中性面到测试点的距离；$\rho(z)$ 为曲率半径。

FBG 对称地布置在测试梁的外表面，因此 $y(z)$ 在理论上等于 h。然而，由于

测试梁是多种材料组成的叠合梁，FBG 外部有保护层，h 的具体数值无法通过直接测量获得。另外，封装是人工操作的，不能直接评估反映 FBG 封装质量的参数 η。因此，为便于计算，可以将这两个参数组合在一起，简化为有效半梁高度 H，如式（5.6）所示。因此，弯曲应变可以用式（5.7）表示。

$$H = h\eta \tag{5.6}$$

$$\begin{cases} \varepsilon_H(z) = \dfrac{H}{\rho(z)} \\[2mm] \varepsilon_{-H}(z) = \dfrac{-H}{\rho(z)} \end{cases} \tag{5.7}$$

整理式（5.7），可得

$$\frac{1}{\rho(z)} = \frac{\varepsilon_H(z) - \varepsilon_{-H}(z)}{2H} \tag{5.8}$$

根据材料力学理论可知：

$$\frac{1}{\rho(z)} = \frac{\mathrm{d}\theta(z)}{\mathrm{d}z} \tag{5.9}$$

因为梁的挠曲 $v(z)$ 和局部倾斜较小，所以转角 $\mathrm{d}\theta(z)$ 可以简化计算为

$$\mathrm{d}\theta(z) \cong \tan(\mathrm{d}\theta) = \frac{\mathrm{d}v(z)}{\mathrm{d}z} \tag{5.10}$$

结合式（5.9）和式（5.10），可得

$$\frac{1}{\rho(z)} = \frac{\mathrm{d}^2 v(z)}{\mathrm{d}z^2} \tag{5.11}$$

将式（5.8）代入式（5.11）可得

$$v(z) = \iint \frac{1}{\rho(z)} \mathrm{d}z\mathrm{d}z + Pz + Q = \frac{1}{2H} \iint [\varepsilon_H(z) - \varepsilon_{-H}(z)]\mathrm{d}z\mathrm{d}z + Pz + Q \tag{5.12}$$

式中，P、Q 为积分常数，可以通过边界条件得出。

根据梁在固定端的边界条件可得

$$\begin{cases} v(z)_{z=0} = 0 \\ \theta(z)_{z=0} = 0 \end{cases} \tag{5.13}$$

综上所述，根据式（5.12）编写计算程序，梁的变形可以逐段进行求解，从而得到路基的竖向位移。

从式（5.2）可以看出，在测量单一物理量时，FBG 的中心波长会同时受温度和应力的影响，这一现象称为交叉敏感。为确保基于 FBG 的路基变形测试梁在温度变化时能够正常使用，需要进行温度补偿计算，下面着重分析测试梁温度补偿方法。

5.3.3 温度变化影响及温度补偿方法

1. 负温对 FBG 中心波长的影响

利用 FBG 来研究季冻土路基的相关性态，必须厘清负温与 FBG 中心波长的定量关系，为此需专门开展试验研究，测量 FBG 在不同负温下不受荷载作用时的中心波长。由于试验条件限制，在冬季昼夜气温变化明显时，试验于室外开展。从入冬后日最高气温降至 0℃开始，每天分别于 8 点、14 点、20 点，即室外温度较为稳定时开展试验，历时一个月获得了–20～0℃温度区间内的 FBG 中心波长数据，测量方式如图 5.13 所示。

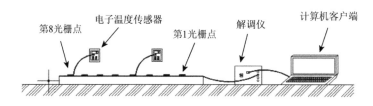

图 5.13　FBG 中心波长与温度测量方式

试验过程中，测试梁始终保持水平静置状态，当温度稳定时，同时记录 FBG 中心波长和电子温度传感器示数。以 2℃为温度梯度，确保每一温度区间内均有 5 组以上数据。图 5.14 所示为各光栅点在不同温度下对应的中心波长分布情况。

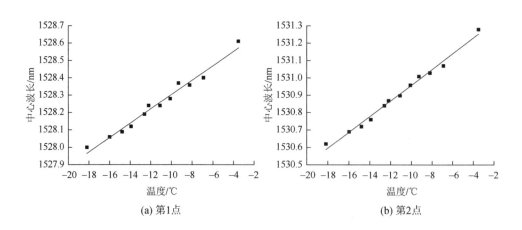

(a) 第1点　　　　　　　　　　　　　(b) 第2点

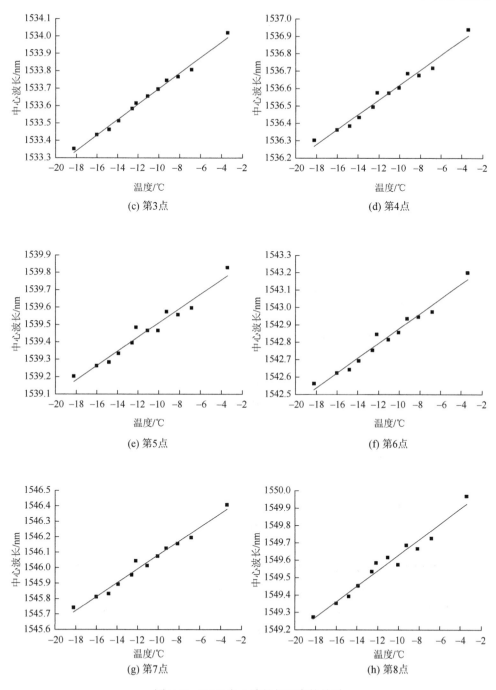

图 5.14　FBG 中心波长与温度的关系

试验是在室外进行的，温度为室外气温，具有随机性，因此在-2～-8℃及

−12～−18℃的数据点较少，但这并不影响 FBG 中心波长的变化规律。根据图 5.14 可以看出，随着温度的降低，各光栅点的中心波长也线性减小。

FBG 中心波长与温度的关系可用式（5.14）表示，参数见表 5.3，其中 R^2 为拟合系数。

$$\lambda = aT + b \qquad (5.14)$$

式中，λ 为光栅点的测量波长（nm）；T 为电子温度传感器所测温度（℃）；a 为波长-温度相关系数（nm/℃）；b 为光栅点初始波长（nm）。

表 5.3　FBG 中心波长-温度公式参数

参数	第 1 点	第 2 点	第 3 点	第 4 点	第 5 点	第 6 点	第 7 点	第 8 点
a	0.041	0.036	0.034	0.032	0.028	0.029	0.031	0.028
b	1528.72	1531.29	1534.01	1536.92	1539.76	1543.14	1546.37	1549.87
R^2	0.97	0.99	0.99	0.97	0.95	0.97	0.98	0.96

为验证式（5.14）的可靠性，进一步通过测得的温度数据利用公式反算 FBG 对应的中心波长数据，并与实测值进行比对，结果表明误差在 2%以内。

2. 负温下测试梁位移及温度补偿

开展负温下基于 FBG 的路基变形现场测试，首先必须开展室内试验和系统标定。试验时，首先将测试梁固定端利用锚具和重物固定，形成悬臂梁结构，并保证梁体与地面水平。然后在测试梁自由端测试点（第 8 点）正下方，垂直地面放置激光测距仪，用以测量该光栅点到地面的垂直距离。

每次试验中，保持测试梁自由端的荷载一致，在不同环境温度下开展测试梁的位移测量试验。记录测试梁自由端 FBG 的中心波长变化并通过计算得到位移数据，分析试验结果受负温的影响程度。

试验开始时首先记录粘贴于测试梁表面所有温度传感器的温度数值，然后通过光纤解调仪记录测试梁水平静置时各 FBG 的初始中心波长，以此作为每次试验的参照值。在测试梁不加载的状态下，记录各激光测距仪数值和 FBG 中心波长。最后，在测试梁自由端逐级加载砝码，每加载一级，待测试梁变形稳定后，记录 FBG 中心波长和激光测距仪测得的测试梁位移。重复以上步骤，在不同负温下反复开展试验，每组试验共分 7 级加载，最大加载至 21.91N，试验温度区间为 2℃。

整理测试梁在各温度下未加载时的中心波长数据，通过编写的计算程序计算测试梁自由端位移，结果如图 5.15 所示。

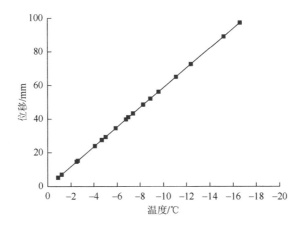

图 5.15　计算得到的测试梁自由端位移-温度曲线

由图 5.15 可以看出，即使在未加载的情况下，随着温度降低，通过 FBG 中心波长数据计算得到的测试梁自由端位移也发生了明显的变化。然而，理论上，测试梁在未加载时，不应发生变形。如前所述，随着温度降低，FBG 的中心波长数值也线性减小，由于交叉敏感现象的存在，通过 FBG 中心波长计算得到的测试梁位移必然与实际情况不符，需要通过温度补偿消除负温对测试梁计算位移的影响，从而得到更符合实际的计算结果。

温度补偿的具体方法如下：在完成负温下 FBG 测试梁位移测量试验后，首先设定一个固定的参照温度为基准温度（此处设定为 0℃），然后去除试验温度下中心波长原始数值与基准温度下波长数值的差值，最后对处理后的波长数据进行计算，从而得到不受负温影响的位移数值。

根据 FBG 中心波长与温度的关系 [式（5.14）] 及表 5.3 中的参数，即可计算出各光栅点在不同温度时的中心波长值，并与 0℃时的中心波长数据作差值，从而消除负温对 FBG 测试梁的影响，得到仅受荷载作用时测试梁的位移。下面通过两种方法验证和分析温度补偿的有效性和准确性：一是将每次消除温度影响前后的位移数据进行对比分析，温度越低，FBG 中心波长越小，对位移计算结果的影响越大，因此温度越低，消除温度影响前后的位移数据相差越大；二是对比在相同加载条件下，消除温度影响前后的位移数据，通过温度补偿计算消除温度影响后，不同温度下的位移数据相差应较小，理论上应重合。

1）温度补偿前后试验结果对比

对 –20～0℃温度下的位移数据进行处理，分析利用原始中心波长数据和考虑温度补偿后经计算得出的测试梁位移差异。以 –9.6℃、–12.4℃、–15.2℃、–16.6℃下的四组试验为例，列出了测试梁自由端在各级加载下，消除负温影响前后的位移结果对比，如图 5.16 所示。

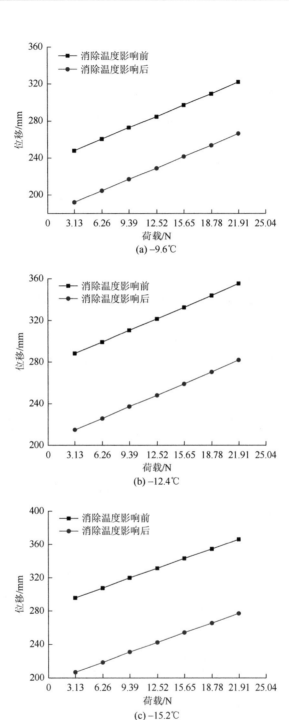

(a) -9.6℃

(b) -12.4℃

(c) -15.2℃

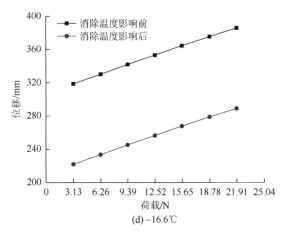

图 5.16　消除温度影响前后的测试梁自由端位移对比

从图 5.16 可以看出，消除温度影响前后的位移计算结果差异明显。对比观察不同温度下测试梁受荷载影响的位移情况，无论是否消除温度影响，7 级加载完成时，梁自由端的位移均在 80mm 左右，说明试验中的荷载控制较为合理。对比观察不同温度下消除温度影响前后的结果可以发现，随着温度降低，消除温度影响前后的差值也逐渐增大，这表明温度越低，对 FBG 中心波长的影响越大，直接利用 FBG 的中心波长测量初始值计算得到的测试梁自由端位移误差也就越大。

2）温度补偿效果验证

在对比了相同荷载下温度补偿前后的位移数据后，为验证温度补偿计算方法的可靠性，按照温度补偿计算方法处理数据，仍以静置状态下 0℃时的中心波长作为参考值，计算不同温度下 FBG 中心波长与 0℃时中心波长的差值。不同温度下温度补偿后的测试梁自由端位移如图 5.17 所示。

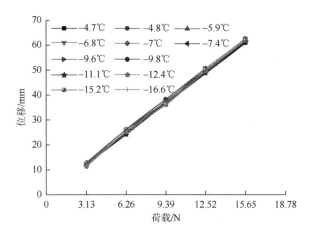

图 5.17　不同温度下温度补偿后的测试梁自由端位移

由图 5.17 可以看出，每一次施加荷载的位移差值均相等，且每次试验总体位移数值也大致相同，这表明试验中对荷载的控制比较合理。经温度补偿后，较低温度与较高温度下的中心波长计算数值结果基本相同，经计算误差仅为 2%～3%，误差在可接受范围内。此试验结果证明了温度补偿计算方法的可靠性[6]。

在基于 FBG 设计位移传感器时，当光栅采取单面封装形式时，必须采用上述温度补偿计算方法消除温度对位移测量结果的影响。然而，一个必要的前提是在测试 FBG 中心波长数据的同时，必须获得在同一时刻其所处环境的温度。因此，在布置位移传感器的同时，不仅需要设置温度传感器，而且温度测量数据的精确程度会直接影响温度补偿效果，进而影响位移数值。

为了简化温度补偿方法，避免由于温度测试不准确而影响补偿效果，我们决定采取在位移测试梁对应两侧封装光栅的形式。在弯矩作用下，测试梁外表面两个相对应的 FBG 产生的弯曲应变绝对值相等但符号相反，如式（5.7）所示。然而，温度引起的应变是相同的，因此测试梁第 i 段的弯曲应变 $\varepsilon_i(z)$ 可由式（5.15）给出：

$$\varepsilon_i(z) = \frac{1}{2}[\varepsilon_{Hi}(z) - \varepsilon_{-Hi}(z)] \qquad (5.15)$$

式中，$\varepsilon_{Hi}(z)$ 和 $\varepsilon_{-Hi}(z)$ 分别是测试梁在第 i 段两个相对应 FBG 的应变。

根据式（5.12）、式（5.15）和上述分析可得，这样可以消除温度效应的影响。

5.3.4 路基变形测试梁设计

测试梁的基材不仅要具有足够的强度，同时还要保证其能够和周围的土体产生良好的随动性，这就要求其刚度要适中。梁的截面尺寸与刚度是矛盾的，一方面，如果截面尺寸较小会导致 FBG 封装不便；另一方面，截面尺寸增大，梁的刚度也会随之增大，基材的随动性就会变差。不同等级道路的路基填埋深度和路面宽度各不相同，因此对于不同的现场条件，测试梁基材的选择和封装方式也应随之改变[7]。通过对多种基材材料进行筛选和对比试验，对于路基填土较深、路基变形较小、测试距离也相对较长的道路，作者设计了深置长距离半刚性位移测试梁；而对于路基填土较浅、路基变形较大、测试距离较短的道路，则设计了浅置短距离半柔性位移测试梁。

1. 深置长距离半刚性位移测试梁

深置长距离半刚性位移测试梁适用于路基填土较深、车辆荷载向路基传递衰减相对较快、路基变形相对较小的工况。

选择外径为 70mm、壁厚为 5.3mm，长度为 4.00m 的聚氯乙烯（polyvinyl chloride，PVC）管作为测试梁基材，为确保 FBG 能够与基材变形一致并准确定位在测试梁上，在 PVC 管沿长度方向分上下两面雕刻出两个凹槽，用于封装带有 8 个 FBG 的光纤光栅串，大直径管材便于光栅串的整体嵌入和封装。

选用的 FBG 是通过相位掩模法制造的，根据出厂报告，8 个 FBG 的中心波长初始值分别为 1547.985nm、1550.205nm、1552.986nm、1556.199nm、1559.767nm、1562.709nm、1566.730nm、1568.650nm；每个 FBG 的长度为 10～15mm，其带宽均小于 0.3nm，反射率均大于 90%。

图 5.18 所示为测试梁上 FBG 的布置示意图，FBG 在光纤上以 50cm 的间隔均匀布置，在 PVC 管的两端各预留 25cm，测试梁与固定端连接。

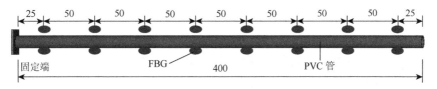

图 5.18　测试梁上 FBG 布置示意图（单位：cm）

在封装过程中，首先用锉刀对 PVC 管的光滑表面进行糙化处理，使其能与周围的路基土变形协调。然后，在管道上标记每个 FBG 的位置，并将 FBG 粘贴在凹槽内的标记位置处。固定 FBG，用快速固化的 J-39 黏结剂填充凹槽，使光纤光栅串完全嵌入凹槽。最后，在凹槽表面固化的 J-39 黏结剂上涂覆防水型 703 硅橡胶做加强保护。使用光纤熔接机将带有铠装跳线的连接头焊接到光纤的一端，以便在进行测试时将该接头连接到光纤解调仪上。图 5.19 所示为封装完毕的深置长距离半刚性位移测试梁。

图 5.19　封装完毕的深置长距离半刚性位移测试梁

2. 浅置短距离半柔性位移测试梁

浅置短距离半柔性位移测试梁适用于路基填土相对较浅、车辆荷载向路基传递衰减相对较慢、路基变形相对较大的工况。

选用无规共聚聚丙烯（polypropylene-random，PPR）管作为测试梁基材，其挠曲性好而刚性低。管件的外径为 50mm、壁厚为 4.6mm、长度为 2.00m。每条光纤光栅串上有 4 个 FBG，其具体参数和前面相同。FBG 在测试梁上也以 50cm 的间隔均匀布置，封装方法与深置长距离半刚性位移测试梁类似，不再赘述。

5.3.5　测试梁标定

为了获得计算参数并验证测试梁的可靠性和准确性，仍需进行系统的实验室标定试验，标定过程主要包括测试梁的固定、百分表和激光位移计的布置、荷载施加及数据采集。为了形成悬臂梁结构，将封装好的测试梁一端固定在反力架上，并使其与地面水平，将百分表（用于测量小位移）和激光位移计（用于测量大位移）安装在测试梁粘贴 FBG 的正下方，标定装置示意图如图 5.20 所示。

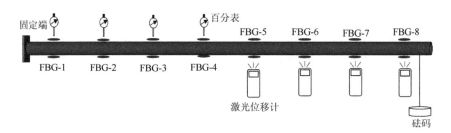

图 5.20　位移测试梁标定装置示意图

利用 3.13N 的砝码在梁的自由端施加垂直荷载进行逐级加载试验，整个标定过程共分 10 级加载，最大荷载为 31.3N。每级加载完成后，采集 FBG 的中心波长数据并使用前面所述方法计算这些标定点的位移，同时记录各标定点处百分表和激光位移计的读数。图 5.21 所示为标定过程中测试梁测得的第 2 标定点和第 8 标定点的位移，从中可以看出，在标定过程中，随着荷载逐级施加，各标定点的位移也逐步增大。

对应这两个标定点，通过测试梁计算获得的位移与百分表（或激光位移计）的实测位移数据进行对比，如图 5.22 所示。

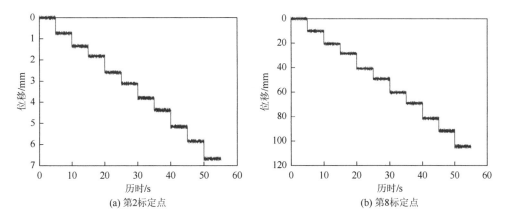

图 5.21　标定过程中的测试梁标定点位移

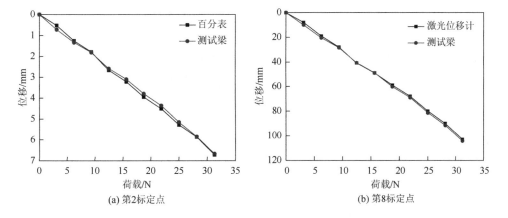

图 5.22　计算位移与实测位移对比

从图 5.22 可以看出，通过测试梁计算获得的标定点位移与百分表或激光位移计测得的位移吻合良好，表明基于 FBG 的位移测试梁用于路基变形测试是可靠的。在 10 级加载完成后，第 2 标定点和第 8 标定点的最大位移已分别达到 6.6mm 和 105mm，测试范围可基本满足实际工程现场测试需要。

5.3.6　测试梁在工程现场的应用

测试试验地点选取为季冻土分布区哈尔滨市近郊，实测地点为松花江北岸堤防防汛抢险通道工程 K6 + 640 断面和 K6 + 680 断面（后称此场地为 B 场地）。由于路基上覆结构层较厚，路基变形相对较小，选用深置长距离半刚性位移测试梁。实测中，选取路边混凝土排水井作为测试梁固定端，因其结构坚固且埋深超过 2.50m，可忽略冻胀影响，混凝土排水井和测试梁共同构成悬臂梁测试系统。

为将测试梁嵌入路基中，首先在与混凝土排水井相邻的路基上开槽，槽深 0.2m、宽 0.4m、长 4.0m，在排水井侧壁钻孔，用来安装测试梁。然后，通过环氧树脂胶将梁一端固定在混凝土井壁上，并用密封剂密封。最后，将挖掘出的路基土分层回填到槽中并用夯锤小心夯实，使测试梁与路基完全嵌合为一体。在测试梁安装和路基土回填过程中，利用水准仪测定高程，确保梁体水平。测试梁埋设完毕后，次日进行上覆结构层施工，保证光纤光栅的"存活率"。图 5.23 为测试梁现场埋设过程，测试数据及分析在下一章进行专门叙述。

(a) 测量定位

(b) 测定标高

(c) 路基开槽

(d) 固定端成孔

(e) 测试梁就位

(f) 固定端处理

(g) 路基土回填

图 5.23　测试梁现场埋设过程

5.4　本 章 小 结

　　温度和变形是评价季冻区路基稳定性的主要因素和指标，因此开展路基施工期间，尤其是道路竣工后运营阶段温度状态和变形特征的现场测试工作，对于实时掌握路基状况并动态评价道路安全性具有重要意义。传感器的可靠性是成功开展现场测试工作的重要前提，为克服传统测试方法在季冻区工程现场测试中的弊端，本章基于蓝牙和 FBG 传感技术，分别研发了温度测试系统和变形测试系统，为季冻区道路路基现场温度和变形测试提供了新的技术手段和分析方法。

参 考 文 献

[1]　孟上九，张书荣，程有坤，等. 光纤布拉格光栅在季节冻土路基应变检测中的应用[J]. 岩土力学，2016，37（2）：601-608.

[2]　Meng S J，Sun Y Q，Wang M. Fiber Bragg grating sensors for subgrade deformation monitoring in seasonally frozen regions[J]. Structural Control and Health Monitoring，2020，27（1）：1-16.

[3]　王钰. 基于无线传感网络冻融循环下路基环境安全检测装置设计[D]. 哈尔滨：哈尔滨理工大学，2016.

[4]　庞大为. 基于 FBG 的车辆荷载下寒区路基变形监测研究[D]. 哈尔滨：中国地震局工程力学研究所，2016.

[5]　张书荣. 季节冻土路基应变的 FBG 检测系统设计[D]. 哈尔滨：哈尔滨理工大学，2016.

[6]　周智超. 基于 FBG 的冻土路基变形监测方法研究[D]. 哈尔滨：哈尔滨理工大学，2020.

[7]　汪云龙，袁晓铭，殷建华. 基于光纤光栅传感技术的测量模型土体侧向变形一维分布的方法[J]. 岩体工程学报，2013，35（10）：1908-1913.

第6章　季冻土路基温度、应力及变形测试新方法应用

6.1　概　　述

冻胀、融沉是季冻区交通基础设施病害的主要表现。与此同时，近年来大吨位、多轮轴货运车辆急剧增加，公路运输呈现重载化特点[1,2]。经历冻融循环作用的路基又不可避免地受到重载车辆作用，导致其内部产生过量永久变形，甚至丧失稳定性，所以应对这种道路病害给予足够关注。

本章基于自主研发的季冻区路基温度、变形测试新方法，并结合传统测试技术，对季冻区路基温度、车辆荷载作用下的路基变形、土压力等路基性态关键指标进行现场测试及分析，以期为季冻区道路设计、施工、维护及病害治理等提供借鉴。

6.2　路基温度测试

6.2.1　路基中传感器的安装与调试

路基温度测试场地选取哈尔滨理工大学校园内某道路（后面简称 A 场地）。首先沿道路横断面开槽，路槽尺寸为 2m×0.4m×0.6m，路基横断面剖面示意图及开槽实景见图 6.1。根据路基内的温度分布特点，按路基不同埋深分层布置蓝牙温度传感器，由浅到深依次称为一级、二级乃至多级温度测试节点，沿横向不同位置分别埋设 4 组。

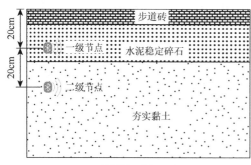

(a) 路基横断面剖面示意图　　　　　　　　　(b) 路基开槽

图 6.1　蓝牙温度传感器布置

温度测试示意图如图 6.2 所示，手机端温度测试数据如图 6.3 所示。数据显示，

4 月至 5 月,哈尔滨气温逐渐回升,5 月份路基温度为 9℃左右,较 4 月份的–6℃有较大提高,与实际情形相符。因此,现场埋设的路基温度无线测试装置测量结果准确可靠,达到了预期目标。

图 6.2　温度测试示意图

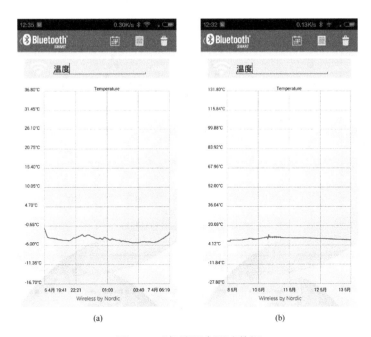

图 6.3　手机端温度测试数据

6.2.2　基于两级节点的深层路基温度测试

进行路基温度无线测试时需要考虑传感器埋置深度对信号强度的影响,在保证完成测试任务的前提下,需要对该无线测温装置的最大测试深度、信号强度衰减情况进行专门研究,给出深层路基温度测试解决方案。

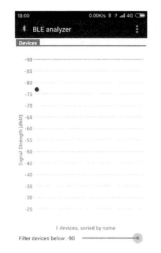

图 6.4 BLE analyzer 信号强度监测

1. 深度影响下信号强度衰减分析

在距路面 0cm、10cm、20cm、30cm、40cm 深度处布置蓝牙温度传感器，由 CR2303 纽扣电池供电，进行信号强度测试，使用 Android APP BLE analyzer（图 6.4）来进行信号强度的监测。

分别测量传感器在不同深度处的信号强度数据（每个位置测量 100 个数据，在 40cm 深度时，信号丢失严重，大部分的扫描都没有响应，故只采集了 50 个信号数据作为参考），然后分别对其进行一阶多项式的线性拟合，估算出平均值，线性拟合结果如图 6.5 所示[3]。

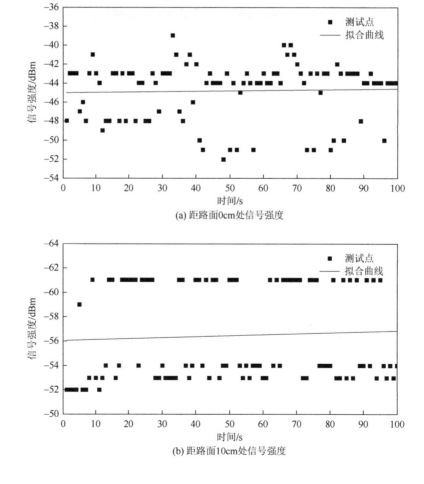

(a) 距路面0cm处信号强度

(b) 距路面10cm处信号强度

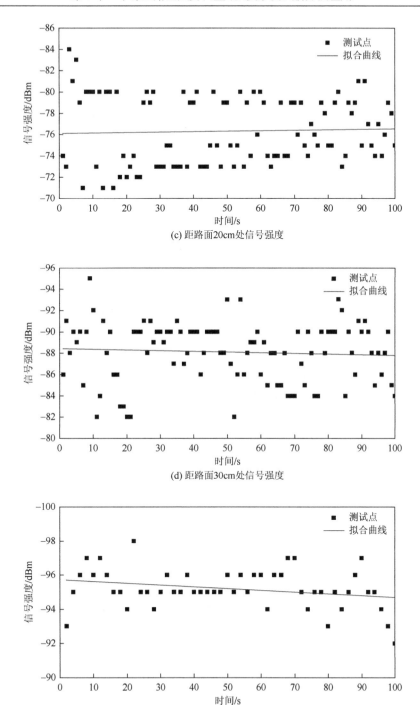

(c) 距路面20cm处信号强度

(d) 距路面30cm处信号强度

(e) 距路面40cm处信号强度

图 6.5　路基不同深度处蓝牙传感器信号强度

　　根据拟合结果可得，在距路面 0cm、10cm、20cm、30cm 处的信号强度平均值分别为–45.01dBm、–56.06dBm、–76.04dBm 和–88.46dBm，在埋深为 40cm 时信号丢失严重，平均值为–95.75dBm。

　　当信号强度小于–90dBm 时，蓝牙连接极不稳定，不易进行主从连接和数据传输。因此，对路基进行点对点直接测量时，测试距离不宜超过 30cm。

　　2. 多节点深层土温度测试

　　由上述测试结果可知，当装置埋入深度超过 30cm 时，信号强度在–90dBm 以下，有时甚至会失去连接，因此无法直接完成深度超过 30cm 处的路基温度测试。为解决深层路基温度测试问题，考虑引入多个测试节点，以蓝牙接力的方式将路基深处的温度数据传递出来。A 场地采取的是两节点蓝牙接力方式，若深度增加，则可增设测试节点。

　　具体实现方式如下：分别在路面处和距路面一定深度处埋设蓝牙温度传感器，分别称为一级节点和二级节点，两节点间的距离不大于 30cm。测试人员站在地面上打开蓝牙，扫描到设备广播后向蓝牙温度传感器发送温度采集命令。此时，地面的一级节点首先收到命令并主动连接二级节点，命令二级节点采集数据，从而实现一级、二级节点的数据交换。一级节点再以广播的形式将采集到的数据发送出去，地面上的测试人员利用手机蓝牙接收数据。蓝牙接力测试示意图如图 6.6 所示。

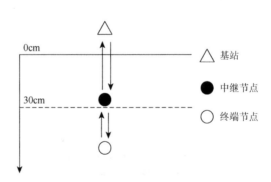

图 6.6　蓝牙接力测试示意图

　　实测中，在 10cm 和 40cm 深度处埋设两个蓝牙温度传感器，即一级节点和二级节点，连续测量 4 天，观察数据变化，实测数据如图 6.7 所示。

　　从数据中得到两个信息：一是深层路基（二级节点位置）的温度信息可以稳定读取；二是一级节点温度波动较二级节点明显，这种温度波动差异性与实际状况（土层越深，温度越稳定、土层越浅，温度变化越大）相吻合。结果表明，采用蓝牙接力的方式可以稳定读取深层路基的温度数据。

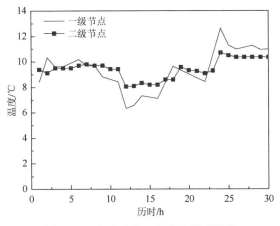

图 6.7　一级节点和二级节点温度数据

6.2.3　冻融循环下季冻土路基温度分布规律

系统总体架构、传感器设计集成、手机端 APP 编制及初步测试表明，基于蓝牙传感技术的季冻土工程现场温度测试技术可以在实际工程中尝试应用。为进一步掌握长周期冻融循环作用下季冻土路基温度的变化规律，利用热电偶对季冻区某路基开展了现场温度测试，可以动态了解冻融循环作用下季冻土路基的温度变化规律。

1. 传感器布置

为了方便开展长期的测试工作，在哈尔滨理工大学校园内选取某一路段作为测试场地（前面所述 A 场地），布置了自行研制的基于 FBG 的路基变形测试梁、土压力传感器（土压力传感器与 FBG 测试梁位于同一深度，即距离路面 37cm）和有线温度传感器，传感器布置剖面图如图 6.8 所示。路基变形及土压力测试结果在后面进行详细分析，本节重点介绍一个冻融循环周期内路基温度的变化情况。

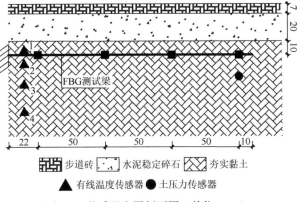

图 6.8　传感器布置剖面图（单位：cm）

有线温度传感器选用 K 形热电偶，其量程为–70～600℃，精度为 0.5℃。传感器外接 TT-K-24-SLE 延长线，其耐温范围为–60～260℃。采用与有线温度传感器配套的数显仪表，量程为–50～1300℃，在–50～199.9℃温度时，其分辨率为 0.1℃。该仪表反应迅速，采样频率为每秒 2.5 次，且体积小巧，采用 9V 电池供电，方便测试携带。

埋设前，先用不锈钢管（直径 3mm、长度 20mm）对有线温度传感器进行封装，防止路基内水分对其造成破坏。不锈钢管内灌装导热硅胶，确保路基温度精确传递给有线温度传感器。有线温度传感器的埋设与路基变形测试梁的埋设同时进行，埋设完毕后，回填路基土并恢复上覆结构层[1]。路基中四个有线温度传感器（分别编号为 1、2、3、4）的埋置深度分别为 30cm、40cm、55cm、75cm。

2. 监测路基温度变化规律

在 2015 年秋季至 2016 年春季，路基完成一次冻融循环（冻结过程中，地温由正温变为负温；融化过程中，地温由负温变为正温），其间对路基温度进行测试。

1）路基冻结过程中的温度变化

冻结过程路基温度测试起止时间为 2015 年 10 月 12 日至 2016 年 1 月 23 日，在此期间 4 个有线温度传感器测量的路基温度数据如图 6.9 所示。

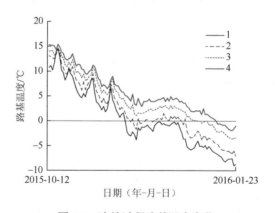

图 6.9　冻结过程路基温度变化

从图 6.9 中可以看出，在整个降温冻结过程中，虽然路基温度升降反复，呈波动变化，但总体上呈下降趋势，路基逐渐由正温状态变为负温状态。

2）路基融化过程中温度变化

采用同一套温度测试系统和方法测试并记录了路基在 2016 年 1 月 24 日至 3 月 25 日的温度数据。在此期间内，路基随着气温回升由完全处于负温状态转变为全断面均处于正温状态，如图 6.10 所示。

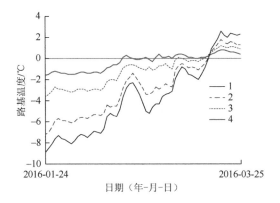

图 6.10　融化过程路基温度变化

　　路基在升温融化过程中，其温度状态同样具有波动起伏的特点，但总体呈上升趋势。

　　3）路基温度随深度变化规律

　　统计全年中各监测点处于负温状态（路基不同深度处的温度低于 0℃）的天数，结果如表 6.1 所示。

表 6.1　全年路基不同深度处的温度低于 0℃的天数

	30cm	40cm	55cm	75cm
天数/天	115	110	70	50

　　由表 6.1 可以发现，随着深度增加，路基处于负温状态的时间明显减少。另外，从图 6.9 也可以看出，在降温过程中，距离路面最近的监测点（1 号有线温度传感器）温度变化先于其他各监测点，具体表现为其温度首先降低至 0℃以下，且在整个冻结过程中其温度均低于其他各点温度，最低温度为–9℃。

　　计算相邻两侧监测点温度差 ΔT 与深度差 Δd，并将其比值定义为平均温度梯度，计算方法如式（6.1）所示，结果如图 6.11 所示。

$$\frac{\Delta T}{\Delta d} = \frac{T_{i+1} - T_i}{d_{i+1} - d_i}, \quad i = 1, 2, 3 \tag{6.1}$$

式中，i 为有线温度传感器编号；T_i 和 d_i 分别为第 i 号有线温度传感器测得的温度和传感器埋深。

　　图 6.11 表明，无论路基处于冻结期还是融化期，总体来说都是较深处的平均温度梯度小于较浅处，气温对浅层路基的影响更大[4-6]。

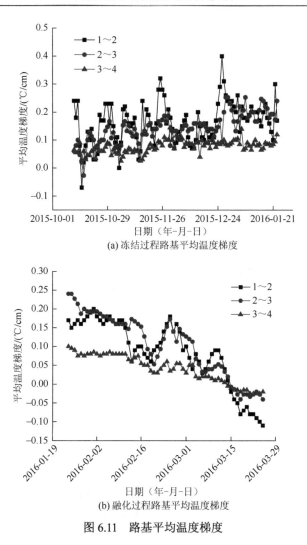

(a) 冻结过程路基平均温度梯度

(b) 融化过程路基平均温度梯度

图 6.11　路基平均温度梯度

6.3　路基应力、变形测试及分析

6.3.1　测试概况

　　综合考虑现场测试的便利性、道路通行状况及车辆分布特征等因素，分别选取两处道路作为测试场地，即 A 场地和 B 场地。哈尔滨属温带季风气候，冬季长达 5 个月，最冷月份 1 月的平均气温低至–15℃，极端低温曾达到–37.7℃，且 11 月至次年 1 月多降雪；7 月、8 月为夏季，仅两个月，最热月份 7 月平均气温为 20~29℃，多降雨；春、秋季节气温变化迅速，时间较短，属过渡季节。

　　图 6.12 所示为 A 场地道路概况，该场地道路结构层较薄，路基埋深浅，但位

于校园内，测试条件容易保证，适合进行多点反复测试。图 6.13 所示为该场地道路结构示意图。

图 6.12　A 场地道路概况

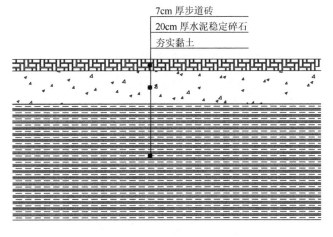

图 6.13　A 场地道路结构示意图

　　图 6.14 所示为 B 场地道路概况，为哈尔滨市松花江北岸堤防防汛抢险通道工程路基的 K6＋640 断面及 K6＋680 断面。该场地路面结构层厚、车流量大、重载车辆多。尽管该场地不便于开展长时间多点位测试工作，但环境真实，路况更具代表性。B 场地道路结构示意图见图 6.15。

　　在季冻区，路基随季节变化反复冻融，导致土的物理和力学性质在不同季节变化很大。因此，现场测试安排在几个冻融循环周期内，分别在不同的时间节点和不同场地展开，以期更全面地获取路基真实性态。

图 6.14　B 场地道路概况

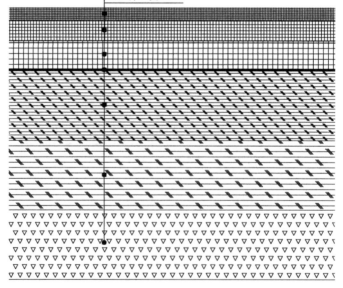

图 6.15　B 场地道路结构示意图

现场测试时，选用美国 Micron Optics 公司研制的 SM130 光纤解调仪，其波长分辨率和扫描频率分别为 1pm 和 1kHz，波长测试范围为 1510~1590nm，可以满足测试需要。通过计算机记录和保存测试梁的监测数据，在两个场地开展的现场测试情况分别如图 6.16 和图 6.17 所示。

(a)

(b)

图 6.16　A 场地现场测试情况

(a)

(b)

图 6.17　B 场地现场测试情况

6.3.2　路基变形特征

车辆驶过道路时，由于路面及结构层刚度较大，其变形较小且以弹性变形为主。而路基土内部存在孔隙，所以在车辆荷载作用下会产生部分残余变形。车辆通过时，路基产生的总体变形为瞬时变形，车辆驶离后，变形恢复部分为弹性变形，不可恢复部分为残余变形，残余变形的不断累积可能导致道路病害[1]。图 6.18 所示为实测的路基内某一点在车辆荷载下的变形构成情况，其中 y_0 为加载前该点的初始位置，y_1 为车辆通过后的位置，y_2 为车辆通过 FBG 测试梁正上方的瞬时位置，则瞬时变形 $\delta = y_2 - y_0$、弹性变形 $\delta_e = y_2 - y_1$、永久变形 $\delta_p = \delta - \delta_e = y_1 - y_0$。

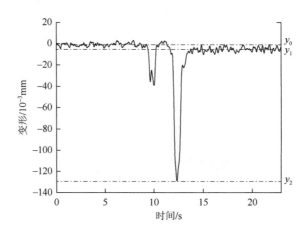

图 6.18 车辆荷载下路基内某一点变形构成

6.3.3 考虑冻融循环的季冻土路基变形特征

从 2015 年冬季至 2016 年春季，采用 1.4t 重小型车在 A 场地的两个测试断面开展了 4 次加载试验，两个道路断面在不同冻融时期的测试结果分别如图 6.19 和图 6.20 所示，图中图例"500"、"1000"、"1500"及"520"、"1020"、"1520"为测试位置，即距固定端距离，单位为 mm。

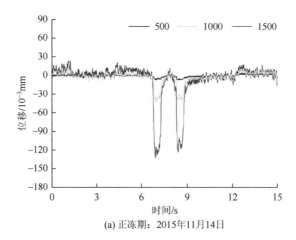

(a) 正冻期：2015年11月14日

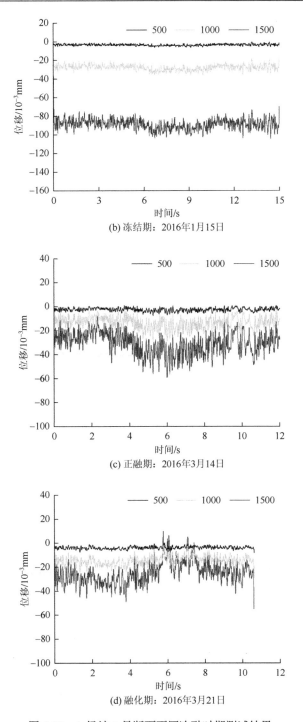

(b) 冻结期：2016年1月15日

(c) 正融期：2016年3月14日

(d) 融化期：2016年3月21日

图 6.19　A 场地 1 号断面不同冻融时期测试结果

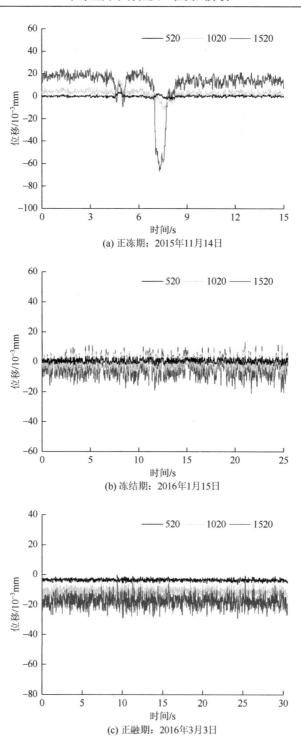

(a) 正冻期：2015年11月14日

(b) 冻结期：2016年1月15日

(c) 正融期：2016年3月3日

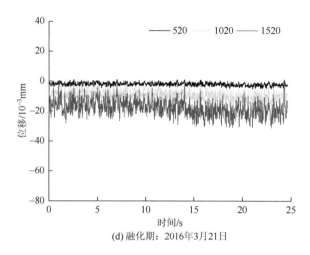

(d) 融化期：2016年3月21日

图 6.20　A 场地 2 号断面不同冻融时期测试结果

从图 6.19 和图 6.20 可以看出，加载试验过程中，路基变形包括图 6.18 所示的瞬时变形、回弹变形和永久变形三类。当加载车辆相同时，路基的各变形分量在不同位置处和不同冻融时期的绝对数值和相对关系表现不同。为了定量分析路基在冻融循环作用下的变形特征，根据 6.3.2 节所述原则，对图 6.19 和图 6.20 的结果进行处理，图 6.21 所示为 A 场地中两个测试断面在一个冻融循环周期不同加载时段内路基产生的永久变形情况，图中数值均为小型车（1.4t）加载一次后路基产生的永久变形值。

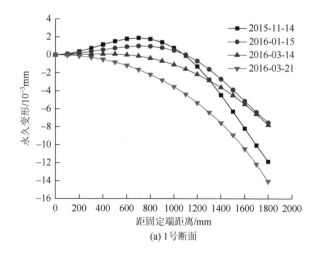

(a) 1号断面

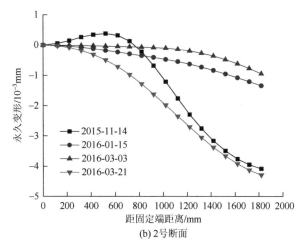

(b) 2号断面

图 6.21　A 场地永久变形情况

由图 6.21 可以看出，在不同时段，同样载重的车辆通过道路断面后，对路基产生的影响差异较大，例如，2016 年 3 月 21 日进行加载试验时，路基产生的变形最大。由于 1 号、2 号断面测试梁埋置深度不同，其观测结果也有差异。

两次加载试验中，整个断面内路基均处于正温状态，且 2015 年 11 月 14 日路基内各深度处温度均高于 2016 年 3 月 21 日路基内同一深度处的温度，但后者在加载试验时产生的永久变形值却更大。具体分析可知，11 月中旬时路基还未冻结，因此土的性质与常温状态相比未发生明显变化；而次年 3 月初开始，冻结的路基开始融化。在冻融作用下，尽管路基内部温度已升至 0℃ 以上，但由于孔隙冰融化产生的水分还未完全消散，路基土与未冻前相比，强度降低，在同样重量的车辆作用下产生的变形相对较大[2]。

对处于完全冻结状态的路基（2016 年 1 月 15 日及 2016 年 3 月 3 日），由于土内孔隙冰的存在，其强度及刚度均有所增大，故此阶段产生的变形量要小于正冻期（冬季路基温度处于负温范围内并继续降低，其内部冰晶形成并不断增多，液态水向固态冰逐渐转化的过程）和融化期（土处于正温状态且孔隙水均为未冻水的阶段）的路基。虽然 3 月初路基开始融化，但受昼夜温差的影响，其上部仍处于冻结状态。另外，还可以发现在冻结期进行的加载试验中，靠近测试梁固定端的土体有轻微隆起现象。如前所述，测试梁一端固定，一端自由，且加载时车辆单轮碾压自由端，由于中间土刚性大，加载时测试梁中间产生向上的挠曲。而融化期的路基整体刚性下降，测试梁随动性较强，与路基土的变形相协调，因此没有出现中间隆起的现象。

图 6.22 所示为 B 场地中 K6＋640 断面在两个冻融循环周期中，在不同时段的加载试验结果，图中图例"1000"、"2000"及"3000"为距测试梁固定端的距离，单位为 mm。

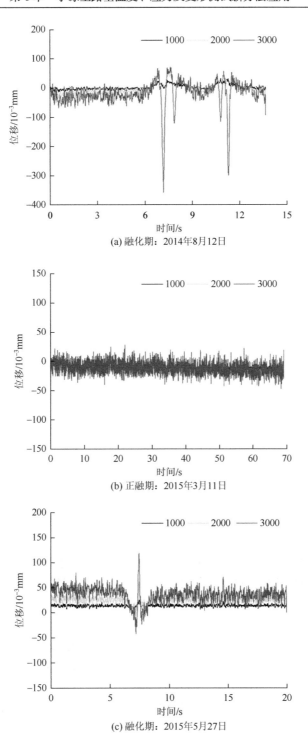

(a) 融化期：2014年8月12日

(b) 正融期：2015年3月11日

(c) 融化期：2015年5月27日

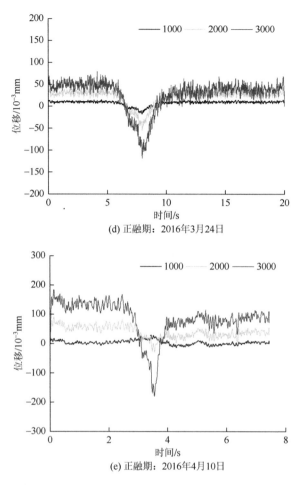

(d) 正融期：2016年3月24日

(e) 正融期：2016年4月10日

图 6.22　B 场地 K6＋640 断面不同冻融时期测试结果

　　同样根据 6.3.2 节中所述原则，对图 6.22 的结果进行处理，图 6.23 所示为经历了两次冻融循环作用的 B 场地中 K6＋640 断面在不同加载时段时路基产生的永久变形情况。加载时，将车辆根据载重大小简单分为轻载车（10t 以下）、中载车（10～20t）及重载车（20t 以上）三类。

　　该道路路面工程于 2014 年 7 月竣工，竣工初期，路基由于上覆结构层附加荷载作用产生自然固结沉降，故从图 6.23 可以发现，2014 年 8 月，即便在轻载车（1.4t）作用下，路基也产生了相对较大的永久变形。

　　与 A 场地不同，B 场地位于哈尔滨市郊区，气温要低于 A 场地，且 B 场地路面及结构层厚度更大，因此路基温度状况与 A 场地也存在较大差别。在中载车作用下，选取该路基断面产生永久变形的最大位置，即以测试梁自由端的变形值为基准，对比不同时段中路基的永久变形情况，结果如表 6.2 所示。

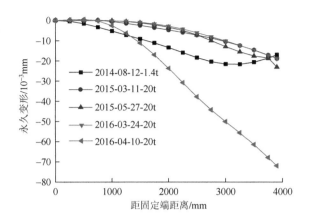

图 6.23　B 场地 K6 + 640 断面永久变形情况

表 6.2　不同时段 B 场地 K6 + 640 断面永久变形情况

日期	2015-03-11	2015-05-27	2016-03-24	2016-04-10
永久变形/10^{-3}mm	18.87	23.03	18.81	71.96

2015 年 3 月份，路基仍处于冻结状态，故在加载试验中，路基产生的永久变形值较小。同样在 20t 车辆荷载作用下，正融期（2016 年 4 月 10 日）路基产生的永久变形约为半个月前（2016 年 3 月 24 日）冻结期的 4 倍；而融化期的 2015 年 5 月 27 日，路基产生的永久变形值与冻结期（2015 年 3 月 11 日）相差不大。为了更直观地表示不同时期路基在同样车辆荷载作用下的永久变形关系，将冻结期的路基永久变形值取为 1，各时期路基永久变形对比如图 6.24 所示。

B 场地上述测试结果表明，3 月份路基处于冻结状态，土强度较高，车辆荷载导致的路基变形较小；4 月中下旬，路基处于最危险的正融状态（季冻区春季气温逐渐回升时，路基下部虽处于负温状态，但其上部温度逐渐升高且其内部冰晶逐渐融化，孔隙水逐渐增多），因此加载试验中路基产生的永久变形值最大；而到了 5 月下旬，冻结的路基已完全融化，且与 4 月相比，孔隙冰融化产生的水分已充分消散，故大部分路基永久变形产生在 3 月和 4 月之间。

虽经过两年自然沉降、两次冻融循环及车辆压实作用，路基土体逐渐密实，但在竣工近两年之后的正融期开展的测试中，结果显示路基的永久变形仍较大，表明路基在车辆荷载作用下的沉降稳定需要较长的时间。

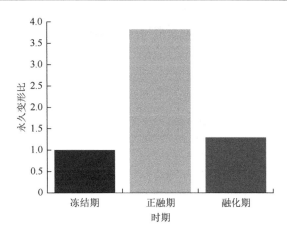

图 6.24　各时期路基永久变形对比

6.3.4　车辆荷载对路基应力及变形的影响规律

根据场地道路具体情况，分别采用小型车（Ⅰ方案）、单后轴货车（Ⅱ、Ⅲ方案）及双后轴货车（Ⅳ方案）进行加载试验。其中，货车分别按空载、半载及满载状态进行加载。在 A 场地加载时，各车辆行驶速度均为 5km/h，在 B 场地加载时，车辆行驶速度均为 20km/h，各方案中的车辆总重量情况如表 6.3 所示。为了减小路基水热状态差异对结果的影响，加载试验均在同一天进行。

表 6.3　路基动态变形现场测试加载方案

方案	车辆总重量/kN	A 场地	B 场地
Ⅰ	14.2	√	
Ⅱ-空载	57.8	√	
Ⅱ-半载	95.8	√	
Ⅱ-满载	128	√	
Ⅲ-空载	60		√
Ⅳ-空载	200		√
Ⅳ-满载	630		√

注：表中"√"表示在该场地进行对应方案的加载试验。

1. 不同车辆作用下的路基动应力分布特征

车辆荷载作用下，路基内某一断面处的应力将随着车辆的通行而发生动态变化[7-10]。图 6.25 和图 6.26 所示为加载试验过程中路基内土压力传感器采集到的微应变情况。根据对各土压力传感器的标定结果，计算各车轮通过土压力传感器正上方时路基的峰值动应力，结果如图 6.27 和图 6.28 所示。

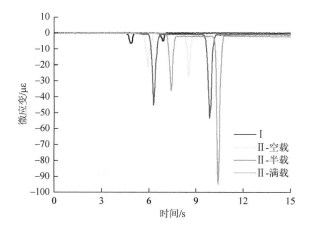

图 6.25　A 场地 1 号断面加载试验中土压力传感器微应变时程曲线

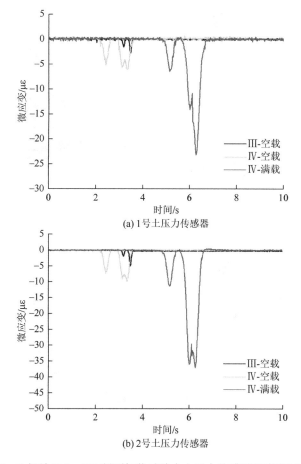

图 6.26　B 场地 K6 + 640 断面加载试验中土压力传感器微应变时程曲线

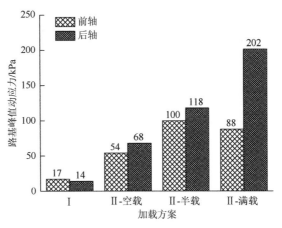

图 6.27　A 场地路基峰值动应力

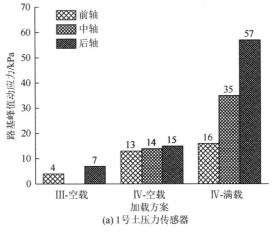

(a) 1 号土压力传感器

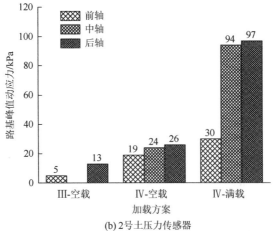

(b) 2 号土压力传感器

图 6.28　B 场地路基峰值动应力

在 A 场地加载时，由于条件可控，车轮可精准通过土压力传感器正上方；B 场地是已建成市郊道路，车辆通行状况及测试条件相对复杂，车轮很难精准通过土压力传感器正上方，但也呈现一定规律性。由图 6.27 和图 6.28 可以看出，随着车辆荷载的增加，路基峰值动应力显著增加。在 A 场地，当车辆总重量由 14.2kN 增加到 128kN 时，路基内距路面 37cm 处实测的峰值动应力由 14kPa 增加到 202kPa；在 B 场地，轻载（60kN）和重载（630kN）作用下，路基内距路面 100cm 处实测的峰值动应力分别为 13kPa 和 97kPa。取各次加载试验中车辆后轮通过路面时的路基峰值动应力，研究路基峰值动应力变化随车辆荷载变化的关系，结果如图 6.29 所示。

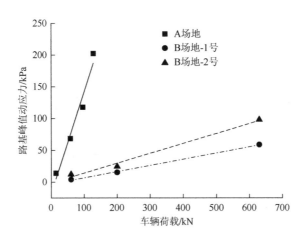

图 6.29　路基峰值动应力随车辆荷载变化情况

图 6.29 中的线性拟合结果表明，随着车辆荷载增加，路基峰值动应力呈类似线性增长，拟合度在 0.98 以上，说明路基应力响应与承受的车辆荷载之间存在较好的线性关系。

2. 不同车辆作用下路基变形规律

对加载试验中路基变形最大位置（即 FBG 测试梁自由端）的变形情况进行统计，结果如图 6.30 所示。图 6.30 中的结果表明，随着车辆荷载增加，路基永久变形明显增大，且总体来说永久变形在总变形中所占比例也随着车辆荷载增加而变大。统计实测的路基最大永久变形随车辆荷载的变化关系，并利用形如 $y = Ae^{ax}$ 的指数函数对其进行拟合，结果如图 6.31 所示。

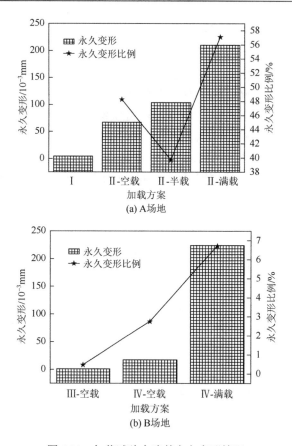

(a) A场地

(b) B场地

图 6.30   加载试验中路基永久变形情况

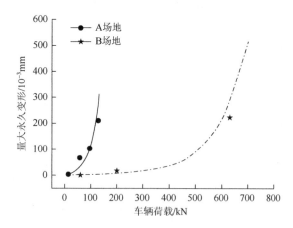

图 6.31   路基最大永久变形与车辆荷载的关系

由图 6.31 可以看出，随着车辆荷载的增加，路基永久变形近似呈指数形式变化。需要特别说明的是，图中各场地路基永久变形发展迅速，并有快速增长的趋势，但这种情况在实际中不可能出现。路基为弹塑性材料，竣工初期在车辆荷载作用下会发生压密固结，若运营期内承受的车辆荷载较小，则变形最终会达到稳定。若车辆荷载超过一定限度，路基永久变形不断增大，最终可能发生破坏。

为研究不同车辆加载次序中重载作用对路基变形的影响，在 A 场地按Ⅰ→Ⅱ-空载→Ⅱ-半载→Ⅱ-满载→Ⅰ，B 场地按Ⅳ-空载→Ⅳ-满载→Ⅳ-空载的次序进行加载试验，重载前后路基的变形特性如图 6.32 所示，其中"Ⅰ-重载前-瞬时"表示在重载前采取Ⅰ方案加载时路基产生的瞬时变形，其余图例类同。

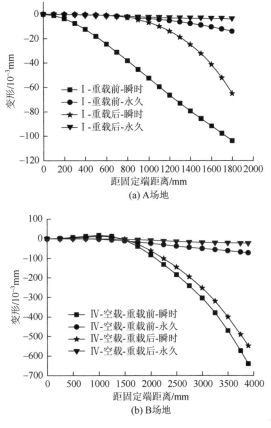

(a) A 场地

(b) B 场地

图 6.32　不同加载次序下的路基变形

从图 6.32 中可以看出，加载次序对路基变形影响较明显，重载车辆作用后，轻载车甚至同重车辆再进行碾压，路基产生的瞬时变形及永久变形均变化不大，两个场地呈现相同的规律。结果表明，重载车辆作用后，路基土压密，强度提高，路基变形相对较小。

6.4　本章小结

本章基于对季冻土路基温度、土中动应力及永久变形测试数据的分析，研究了季冻土路基变形受温度及荷载影响的分布规律。

路基温度受气温影响，随着深度增加，影响逐渐减弱，而且路基温度对气温的响应有滞后性。在 30cm 和 75cm 深度处，监测期内 A 场地路基温度变化幅度分别为−9.0～14.4℃和−1.9～15.4℃。处于冻结期的路基，在车辆荷载作用下引起的变形较小。在相同车辆荷载作用下，正融期路基产生的永久变形明显增大，经历两次冻融作用后，路基仍未达到稳定状态。随着车辆荷载增加，路基动应力近似呈线性增长，且随深度增加而逐渐衰减。车辆荷载增加时，路基永久变形发展迅速，永久变形与车辆荷载近似符合指数关系。不同的车辆加载次序对路基变形影响较大，重载车辆作用后，同重车辆及轻型车辆的后续作用导致的路基变形明显减小。

冻融循环与重载、超载车辆协同作用的不利组合会放大路基永久变形，实测结果显示，这种"正融＋重载"组合导致的永久变形是"融化＋轻载"组合的数十倍以上。道路上正常载重车辆与重载、超载车辆夹杂通行，但后者对道路的破坏力远大于前者。因此，在季冻区道路规划设计及运营期内，应从道路防灾及交通管理等方面对此给予特别关注。

参 考 文 献

[1]　孟上九，李想，孙义强，等. 季冻土路基永久变形现场监测与分析[J]. 岩土力学，2018，39（4）：1377-1385.

[2]　Meng S J，Sun Y Q，Wang M. Fiber Bragg grating sensors for subgrade deformation monitoring in seasonally frozen regions[J]. Structural Control and Health Monitoring，2020，27（1）：1-16.

[3]　王钰. 基于无线传感网络冻融循环下路基环境安全检测装置设计[D]. 哈尔滨：哈尔滨理工大学，2016.

[4]　郜博文，岳祖润，刘建坤，等. 严寒地区客专路堤阴阳面地温及变形差异分析[J]. 铁道学报，2017，39（3）：82-89.

[5]　温智，盛煜，马巍，等. 退化性多年冻土地区公路路基地温和变形规律[J]. 岩石力学与工程学报，2009，28（7）：1477-1483.

[6]　张明礼，温智，薛珂，等. 青藏铁路多年冻土区润湿地段斜坡路基温度与[J]. 岩石力学与工程学报，2016，35（8）：1677-1687.

[7]　王珇，张家生，杨果岳，等. 重载作用下公路路基及基层动应力测试研究[J]. 振动与冲击，2007，26（6）：169-173，192.

[8]　石峰，刘建坤，房建宏，等. 季节性冻土地区公路路基动应力测试[J]. 中国公路学报，2013，26（5）：15-20.

[9]　张锋. 深季节冻土区重载汽车荷载下路基动力响应与永久变形[D]. 哈尔滨：哈尔滨工业大学，2011.

[10]　郑水明，张静波. 行车荷载作用下路基动态竖向应力测试研究[J]. 路基工程，2018，5：35-39.

第7章 季冻土变形数值模拟

7.1 概　述

数值分析是岩土工程问题中的重要手段，目前数值计算方法主要包括有限元法和有限差分法。其中，有限元法的常用软件有 ANSYS、ABAQUS、PLAXIS、MIDAS/GTS、Geo5、ADINA 等；有限差分法即快速拉格朗日差分法，代表性分析软件为 FLAC/FLAC3D[1-6]。

FLAC3D 作为面向土木、采矿、水利、交通、地质等领域的岩土工程数值模拟软件，已在全球 70 多个国家推广应用，国际岩石力学学会前主席 Charles Fairhurst 曾评价该程序为"国际上广泛应用的可靠程序"。

在季冻土变形（路基变形及冻胀）计算中，选用 FLAC3D 软件进行分析计算。与有限元软件相比，它的优势有以下几点。

（1）FLAC/FLAC3D 软件对材料的屈服或塑性流动特性的模拟是采用混合离散的方法来实现的，这种方法更适用于岩土材料。

（2）FLAC/FLAC3D 软件采用运动方程对静力、动力问题进行求解，所以对于动态问题，如振动、失稳和大变形分析等较为适用。

（3）采用 FLAC3D 软件，利用显式算法求解问题，显式算法在非线性本构关系计算和线性本构关系的计算中没有差别。当应变增量已知时，计算应力增量就比较容易，不需保存刚度矩阵，所以用较少的存储空间就可以满足复杂结构大变形计算的需要，计算耗时与小变形问题相差不大。

本章对三轴试验、冻胀试验、路基变形及路基冻胀等进行数值模拟分析，并与室内试验、现场测试结果进行对比分析，验证模拟分析方法的可靠性。

7.2　三轴试验数值模拟

由于室内三轴试验中应力条件、边界条件及试样均匀性等简单可控，可以将其作为数值模拟对象，以初步验证分析方法及结果的可靠性。

7.2.1　三轴试验数值模拟参数选取

粉质黏土三轴试验数值模拟所需的具体参数见表 7.1（密度为 1800kg/cm³）。

表 7.1　粉质黏土的基本参数

黏聚力	内摩擦角	弹性体积模量	弹性切变模量
4.7×10^4Pa	21°	2×10^8Pa	4.7×10^4Pa

7.2.2　网格剖分

试样为质量分布均匀密实的圆柱体，尺寸为 ϕ39.1mm×H80mm，如图 7.1 所示，计算模型采用 FLAC3D 中的基本网格。模型剖分方式和单元数量与计算精度、计算用时密切相关，所以首先要对网格剖分方法进行比较和优化。通过不同种组合方式共建立 6 种不同的圆柱体模型，其中图 7.2（a）采用 FLAC3D 自带的柱体网格，自动划分生成；图 7.2（b）采用 FLAC3D 中自带的两个柱形壳体网格内套一个柱体网格，自动划分生成；图 7.2（c）采用三棱锥体网格组成一个立方体后，利用 FLAC3D 内置的 fish 语言对 y 轴坐标相同节点的 x 轴、z 轴坐标进行修改，调整到同一圆面内，形成以 y 轴为轴心的圆柱体；图 7.2（d）采用两个锲形体网格组成一个立方体后，将 y 轴坐标相同节点的 x 轴、z 轴坐标进行修改，调整到同一圆面内，形成以 y 轴为轴心的圆柱体，轴心处为由三角形围成的矩形，周边与图 7.2（a）相似；图 7.2（e）中建立一个基本的立方体网格，再对同一截面内的节点进行修改，将其调整到同一个圆面内形成圆柱体，中间有四个矩形网格，其他部分网格呈发散状；图 7.2（f）中建立一个基本的立方体网格，对同一截面内到 y 轴距离大于 0.07m 的节点进行修改，将其调整到同一个圆面内形成圆柱体，划分为 4×4 的矩形网格，周边网格呈发散状。这 6 种圆柱体在网格大小上相同，x 轴、y 轴、z 轴方向分别划分 9、8、9 个单元，具体如图 7.2 所示。

土的应力-应变关系采用摩尔-库仑本构模型。计算的边界条件为固定底面（y = 0.08m）、顶面（y = 0.00m），圆柱体侧面及顶面的应力边界条件与室内试验中的围压一致，在圆柱体顶面（y = 0.00m）施加与室内试验相同的压缩速度。在计算模型纵向轴线上每隔 10mm 取一个数据输出点（即监测点），共 9 个，记录并输出该点沿 y 轴方向的位移及所在单元的应力。

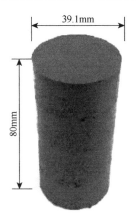

图 7.1　圆柱体试样

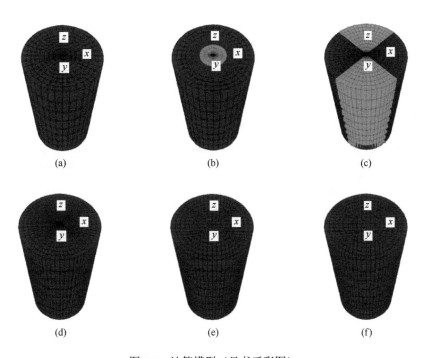

图 7.2　计算模型（见书后彩图）

7.2.3　三轴试验与模拟结果对比分析

　　为确定合理的监测点位置，在围压为 100kPa 的条件下，以第一种网格剖分方式进行模拟，记录应力-应变关系，输出 9 个监测点的应力-应变曲线，以圆柱体轴向应变为横轴，偏差应力为纵轴，绘制应力-应变曲线，并与室内试验结果对比，如图 7.3 所示。

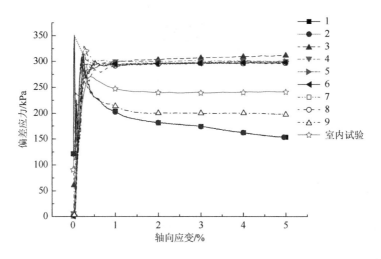

图 7.3　不同监测点的应力-应变曲线

图 7.3 中，1～9 曲线为模拟计算结果，由图可知，1、9 点输出的偏差应力比室内试验结果小，其他输出点的计算结果与室内试验结果接近。为方便分析，统一取模型中间部位的 5 号点（$y = 0.04\text{m}$）作为最终输出点进行下一步的计算。

选用前面提到的 6 种采用不同网格剖分方法的模型，在其他条件相同的情况下进行三轴试验数值模拟计算。将计算得到的应力-应变曲线与室内试验作对比，结果如图 7.4 所示，破坏强度误差如表 7.2 所示。

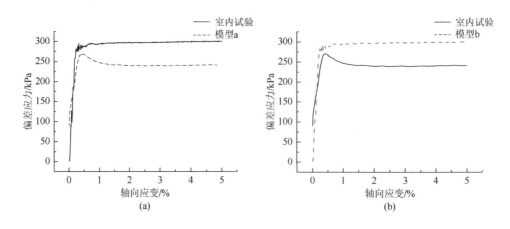

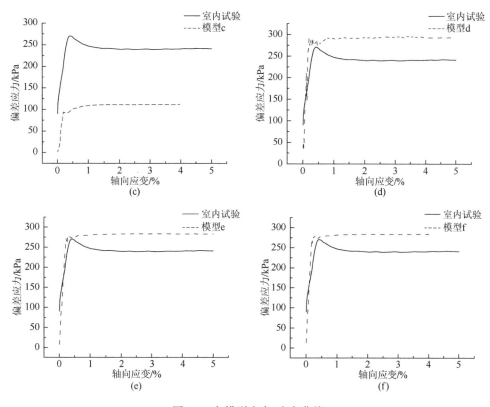

图 7.4　各模型应力-应变曲线

表 7.2　各模型的破坏强度误差

	模型 a	模型 b	模型 c	模型 d	模型 e	模型 f
误差/%	10.96	10.57	58.77	7.95	4.65	4.60

由图 7.4 可知，模型 a～d 的应力-应变曲线在上升段会出现"毛刺"现象，即在应力上升阶段便出现波动，而模型 e、f 中将立方体网格中的一部分节点坐标直接修改，主要部分为计算精度更高的六面体网格，计算得到的应力-应变曲线在上升段较为光滑，误差较小。通过对比模型 e、f，发现模型 f 更接近试验结果，所以最终选取模型 f 作为三轴试验数值模拟的计算模型，并将模型 f 使用的网格剖分方法命名为"高精度六面体网格剖分方法"。

将围压分别调整为 50kPa 和 150kPa，在其他条件不变的情况下进行计算，计算结果与室内试验结果对比见图 7.5，破坏强度误差见表 7.3。

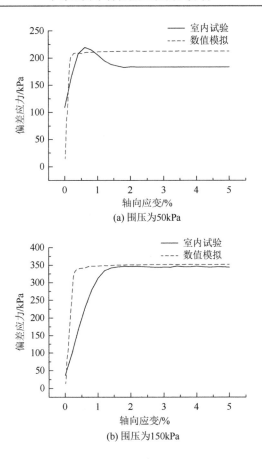

图 7.5　不同围压下各模型的应力-应变曲线

表 7.3　不同围压下各模型的破坏强度误差

围压/kPa	误差/%
50	3.14
150	1.30

　　随后通过调整不同围压进行数值模拟，数值模拟结果与室内试验结果依然吻合较好。通过数值模拟分析可得到两个结论：一是 FLAC3D 软件可用于模拟室内三轴试验，通过比较和优选，采用图 7.2（f）所示的基本立方体网格，计算误差是可以接受的；二是计算结果表明，可通过数值模拟计算替代部分室内试验，用必要的三轴试验控制关键节点，同时采用软件进行数值模拟分析，可在保证结果定性可靠的基础上，发挥软件分析的高效率和经济性特点，用部分数值模拟试验替代复杂、冗长的室内试验。

7.3 冻胀试验数值模拟

7.3.1 不同土类的冻胀特性

选取季冻区三种典型土类，即黏土和两种粉质黏土，其中一种粉质黏土含有具有分散性的蒙脱石和伊利石，为方便区分可简称为分散土。黏土取自哈尔滨理工大学试验场地，粉质黏土取自哈尔滨市机场道路，分散土取自大庆市某路基。试验选取的试样尺寸为 $\phi100\text{mm}\times H100\text{mm}$，三种土类的颗粒级配见表 7.4，液塑限特性和击实特性见表 7.5。

表 7.4 试验用土颗粒级配

土类	<2mm	<1.18mm	<0.6mm	<0.3mm	<0.25mm	<0.15mm	<0.1mm	<0.075mm	<0.005mm
黏土	100%	99%	96%	8%	—	81%		78%	—
粉质黏土	—	—	—	—	100%	—	—	94%	25%
分散土	—	—	—	—	—	—	100%	70%	23%

表 7.5 试验用土基本参数

土类	最大干密度 ρ_{dmax}/(g/cm³)	最优含水率 w_{op}/%	液限 w_L/%	塑限 w_P/%
黏土	1.67	19.0	36.0	16.0
粉质黏土	1.62	20.0	39.0	25.0
分散土	1.65	19.6	35.0	19.0

冻胀试验过程中需要控制的因素有干密度、含水率和土类，考虑干密度、含水率与土类三个因素的耦合作用，需进行单因素试验设计。其中，黏土、粉质黏土、分散土的最优含水率分别为 19.0%、20.0%、19.6%，在最优含水率附近取 3 个含水率值，在临近最大干密度处取三个干密度值，冻结温度按由高到低（−5～−15℃）逐级降温施加于试样底部，采用封闭系统单向一维冻结，通过温度传感器监测试样不同位置的温度，在试样顶部监测冻胀量，主要试验方案如表 7.6 所示。

表 7.6 冻胀试验方案

试验编号	土类	含水率 w/%	干密度 ρ_d/(g/cm³)	冻结温度 T/℃		
				0～12h	12～24h	24～36h
1	黏土	17	1.60	−5	−10	−15
2	黏土	20	1.60	−5	−10	−15
3	黏土	20	1.55	−5	−10	−15
4	黏土	20	1.65	−5	−10	−15

试验编号	土类	含水率 w/%	干密度 ρ_d/(g/cm³)	冻结温度 T/℃		
				0~12h	12~24h	24~36h
5	黏土	23	1.60	−5	−10	−15
6	粉质黏土	17	1.58	−5	−10	−15
7	粉质黏土	20	1.58	−5	−10	−15
8	粉质黏土	20	1.53	−5	−10	−15
9	粉质黏土	20	1.62	−5	−10	−15
10	粉质黏土	23	1.58	−5	−10	−15
11	分散土	20	1.59	−5	−10	−15
12	分散土	22	1.59	−5	−10	−15
13	分散土	22	1.55	−5	−10	−15
14	分散土	22	1.63	−5	−10	−15
15	分散土	24	1.59	−5	−10	−15

试验结果分别如表 7.7～表 7.9 所示，其中试样标号"W20D1.60"的含义为含水率为 20%、干密度为 1.60g/cm³，以此类推。以 W20D1.60 号试样在−5℃下冻结稳定后温度随深度的分布为例，如图 7.6 所示，可以看出试样的温度随深度基本呈线性关系，可以认为试样温度低于 0℃即为冻土，因此在冻结稳定后，0℃位置即为冻结深度。

表 7.7 黏土试验结果

试样标号	冻结温度 T/℃	冻结深度 H_f/cm	冻胀量 Δh/mm
W20D1.60	−5	4.13	1.375
	−10	8.06	2.174
	−15	10.00	2.217
W20D1.65	−5	5.23	0.619
	−10	8.16	1.820
	−15	10.00	1.915
W20D1.55	−5	5.99	0.751
	−10	8.47	1.219
	−15	10.00	1.219
W23D1.60	−5	4.93	0.668
	−10	8.51	2.439
	−15	10.00	2.460
W17D1.60	−5		
	−10	—	未冻胀
	−15		

表 7.8　粉质黏土试验结果

试样标号	冻结温度 T/℃	冻结深度 H_f/cm	冻胀量 Δh/mm
W20D1.62	−5	5.97	0.604
	−10	8.20	2.535
	−15	10.00	2.555
W20D1.53	−5	4.34	0.585
	−10	8.47	0.808
	−15	10.00	0.808
W20D1.58	−5	4.56	1.757
	−10	8.44	3.026
	−15	10.00	3.177
W17D1.58	−5		
	−10	—	未冻胀
	−15		
W23D1.58	−5	4.29	2.496
	−10	7.17	5.465
	−15	10.00	8.745

表 7.9　分散土试验结果

试样标号	冻结温度 T/℃	冻结深度 H_f/cm	冻胀量 Δh/mm
W22D1.59	−5	4.53	0.223
	−10	8.07	0.583
	−15	10	0.695
W22D1.55	−5	4.61	0.089
	−10	8.6	0.286
	−15	10	0.342
W22D1.63	−5	4.78	0.277
	−10	8.36	1.352
	−15	10.00	1.737
W20D1.59	−5		
	−10	—	未冻胀
	−15		
W24D1.59	−5	4.88	0.102
	−10	8.13	0.461
	−15	10.00	0.837

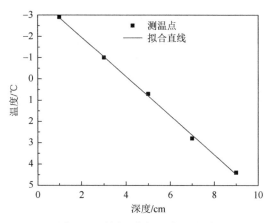

图 7.6　试样温度与深度的关系

7.3.2　冻胀模拟基本理论

1. 基本假设

可采用 FLAC3D 中的温度模块模拟材料中的瞬态热传导，土的冻胀是指水分在低温下冻结成冰，使土的体积变大，该过程十分复杂，采用 FLAC3D 进行模拟计算时，需进行如下假设。

（1）土体应力改变不影响土体温度，热应力的分布只与温度有关，不随土体结构变化而变化。

（2）冻结过程中的微小时间内，土体的导热系数与冻胀系数近似为常量。

（3）温度变化不影响土颗粒分子间的距离。

2. 能量方程

FLAC3D 中能量方程的表达形式为

$$-q_{i,i} + q_v = \frac{\partial \zeta}{\partial t} \tag{7.1}$$

式中，$q_{i,i}$ 为热通量向量（W/m²）；q_v 为体热源强度（W/m³）；ζ 为每单位体积的热量（J/m³）；t 为时间（s）。

一般来说，能量积聚与结构应变 ε 的变化会引起温度变化，它们的热本构关系可以表示为

$$\frac{\partial T}{\partial t} = M_{th} \left(\frac{\partial \zeta}{\partial t} - \beta_{th} \frac{\partial \varepsilon}{\partial t} \right) \tag{7.2}$$

式中，M_{th} 和 β_{th} 为材料常数；T 为温度。

在 FLAC3D 的热分析模块中，通常有

$$\beta_{\text{th}} = 0 \tag{7.3}$$

$$M_{\text{th}} = \frac{1}{\rho C_v} \tag{7.4}$$

式中，ρ 为介质的密度（kg/m³）；C_v 为体积比热容。

在固体和液体的准静态力学问题上，应变变化对温度的影响很小，可以忽略，因此有

$$\frac{\partial \zeta}{\partial t} = \rho C_v \frac{\partial T}{\partial t} \tag{7.5}$$

将式（7.5）代入式（7.1），得到能量平衡方程：

$$-q_{i,i} + q_v = \rho C_v \frac{\partial T}{\partial t} \tag{7.6}$$

3. 热应变公式

自由热膨胀在各向同性材料中不会导致角度变形，所以剪切应变增量不受影响，温度增量 ΔT 与热应变增量 $\Delta \varepsilon_{i,j}$ 的关系为

$$\Delta \varepsilon_{i,j} = \alpha_t \Delta T \delta_{i,j} \tag{7.7}$$

式中，α_t 为温度线膨胀系数，单位为 1/℃。

温度线膨胀系数 α_t 用于均质、各向同性的材料时误差较小，且利用该系数进行计算时假定材料的温度分布是均匀的。将该理论用于冻胀模拟时，温度线膨胀系数 α_t 即土的冻胀系数，它受含水率、干密度、土类和冻结温度等多重因素影响，是反映土冻胀特性的综合性参数。而土在单向冻结时，土层内部的温度分布并不均匀，土层中的水分发生迁移，各位置的含水率发生变化，负温的位置还有冰，正温的位置则无冰，此时土体已不是均质材料。因此，利用温度线膨胀系数替代冻胀系数进行冻胀模拟时，需对试验用土进行均质、各向同性假设，所以冻胀系数可能存在误差并影响计算结果。可通过 FLAC3D 模拟室内试验，对比数值模拟结果与室内试验结果，反复验算冻胀系数并不断修正，尽可能得到准确的冻胀系数。

对冻土来说，冻胀仅发生在土中水分相变成冰的部分，而在 0℃以上温度的土中，温度变化对土的变形影响很小，即冻胀系数对正温土不适用，因此在冻胀计算过程中无须考虑土体正温部分变形。

4. 热传导

FLAC3D 中，能量平衡方程（7.6）和傅里叶定律采用有限差分法求解，该方法对恒定热通量叠加四面体区域进行离散化处理，在节点上进行能量方程的数值分析，通过将速度矢量、应力张量和应变率张量替换为温度、热通量矢量和温度梯度，将得到的常微分方程进行时间离散化处理并求解。

对于一个静态、均匀的各向同性固体，傅里叶定律可表达为

$$q_i = -kT \qquad (7.8)$$

式中，k 为热传导系数[W/(m·℃)]；T 为温度（℃）。

1）空间导数的有限差分近似

FLAC3D 的计算均在四面体上进行，如图 7.7 所示，节点编号为 1～4，面 1 表示与节点 1 对应的面。

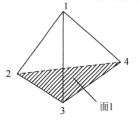

图 7.7　四面体示意图

在四面体内，温度呈线性变化，温度梯度 T_j 可用高斯公式表示为

$$T_j = -\frac{1}{3V}\sum_{l=1}^{4} T^l n_j^{(l)} S^{(l)} \qquad (7.9)$$

式中，上标 l 表示节点 l 的变量；(l) 表示面 l 的变量；$n_j^{(l)}$ 为外表面的单位法向量分量；$S^{(l)}$ 为四面体外表面；V 为四面体的体积。

2）能量平衡方程的节点表达式

能量平衡方程（7.6）可写为

$$q_{i,i} + b^* = 0 \qquad (7.10)$$

式中，

$$b^* = \rho C_v \frac{\partial T}{\partial t} - q_v \qquad (7.11)$$

相当于力学节点公式中使用的瞬时"体力"，考虑一个单一的四面体，使用类比的方法，节点热量 $Q_e^n[W]$（$n = 1, 2, 3, 4$）可表示为

$$Q_e^n = Q_t^n - \frac{q_v V}{4} + m^n C_v^n \frac{\mathrm{d}T^n}{\mathrm{d}t} \qquad (7.12)$$

$$Q_t^n = \frac{q_i n_i^{(n)} S^{(n)}}{3} \qquad (7.13)$$

$$m^n = \frac{\rho V}{4} \qquad (7.14)$$

一般地，能量平衡方程的节点计算模式是将全局每个节点处的所有四面体的等效节点热量（$-Q_e^n$）相加，边界处节点热通量向量和体热源强度为零。由式（7.13）中的四面体热通量向量和运输定律 [式（7.5）] 推导出温度梯度，进而可以通过式（7.9）推导出四面体节点温度。

为节省计算时间，FLAC3D 采用区域配方的形式，在特定区域的每个节点处将所有四面体的热量相加 [式（7.13）]，在节点处相重合的热量则除以 2。局部区域矩阵 M 将节点区域热量 Q_z^n 与节点区域温度 $T^n(n=1,2,3,4,5,6,7,8)$ 相关联，由于矩阵的对称性，只计算 36 个分量即可，在大应变模式下这些分量每 10 步更新一次。对于局部区域矩阵的定义为

$$Q_z^n = MT^j \tag{7.15}$$

式中，T^j 为局部区域节点温度向量。

因此，全局节点热量值为

$$Q_t^n = CT^j \tag{7.16}$$

式中，C 为全局矩阵；此时的 T^j 为全局节点温度向量。

一个单一的四面体中存在如下能量平衡关系：

$$-\sum Q_e^n + \sum Q_w^n = 0 \tag{7.17}$$

根据式（7.12）与式（7.17）可推导得

$$\frac{\mathrm{d}T^n}{\mathrm{d}t} = \frac{1}{\sum [mC_p]^n} \left[Q_t^n + \sum Q_{\mathrm{app}}^n \right] \tag{7.18}$$

式中，$\sum Q_{\mathrm{app}}^n$ 为体热源、边界通量和点热源的总和。

$$\sum Q_{\mathrm{app}}^n = -\sum \left[\frac{q_v V}{4} + Q_w \right]^n \tag{7.19}$$

式（7.18）为能量平衡方程的节点形式，$Q_t^n + \sum Q_{\mathrm{app}}^n$ 为"不平衡热"，在离散化过程中涉及的每个全局节点都有这种形式，它们一起构成了常微分方程组。

7.3.3　冻胀系数选取

根据 FLAC3D 基本理论进行数值模拟时所用到的冻胀系数为负的线性热膨胀系数，线性热膨胀系数的计算公式为

$$\alpha_t = \frac{\Delta L}{L \Delta T} = \frac{L_2 - L_1}{L(T_2 - T_1)} \tag{7.20}$$

式中，L_1 为温度为 T_1 时物体的长度；L_2 为温度为 T_2 时物体的长度；L 为物体的初始长度。

土的冻胀是温度降低而导致的体积膨胀，因此冻胀系数为负数。土单向冻结稳定后的温度场随试样高度呈梯度分布，温度并不均匀，因此要将温度数据进行处理。所用到的温度数据来自试样由低到高（1cm、3cm、5cm、7cm、9cm）处温度监测点采集到的实时温度，土的冻胀仅发生在负温部分，因此将数值为负数的温度相加并除以 5，将该结果作为试样的计算平均温度 $\bar{T}$，根据式（7.20）计算试验冻胀系数：

$$\bar{\eta} = -\frac{L_2 - L_1}{L(\bar{T}_2 - \bar{T}_1)} \tag{7.21}$$

将计算得到的试验冻胀系数应用于 FLAC3D 的模拟分析中，该系数适用于温度小于 0℃ 的试样，因此在 FLAC3D 计算完成后，计算出的总位移需要减去正温

部分的位移变化量，最终结果记作 $\tilde{L}$。表 7.10～表 7.12 分别为黏土、粉质黏土和分散土的试验结果和根据试验结果所计算出的冻胀系数。

表 7.10　黏土的试验结果及计算冻胀系数

试样标号	冻结温度/℃	平均温度/℃	温度差/℃	冻胀量/mm	冻胀增量/mm	计算冻胀系数/℃⁻¹
	−5	−0.78	−0.78	1.375	1.375	-1.76×10^{-2}
W20D1.60	−10	−3.26	−2.48	2.174	0.799	-3.22×10^{-3}
	−15	−7.68	−4.42	2.217	0.043	-9.73×10^{-5}
	−5	−1.36	−1.36	0.619	0.619	-4.55×10^{-3}
W20D1.65	−10	−4.02	−2.66	1.820	1.201	-4.52×10^{-3}
	−15	−8.60	−4.58	1.915	0.095	-2.07×10^{-4}
	−5	−1.38	−1.38	0.751	0.751	-5.44×10^{-3}
W20D1.55	−10	−3.56	−2.18	1.219	0.468	-2.15×10^{-3}
	−15	−5.36	−1.80	1.219	0.000	0.00
	−5	−1.10	−1.10	0.668	0.668	-6.07×10^{-3}
W23D1.60	−10	−3.72	−2.62	2.439	1.771	-6.76×10^{-3}
	−15	−8.44	−4.72	2.460	0.021	-4.45×10^{-5}

表 7.11　粉质黏土的试验结果及计算冻胀系数

试样标号	冻结温度/℃	平均温度/℃	温度差/℃	冻胀量/mm	冻胀增量/mm	计算冻胀系数/℃⁻¹
	−5	−1.48	−1.48	0.604	0.604	-4.08×10^{-3}
W20D1.62	−10	−4.06	−2.58	2.535	1.931	-7.48×10^{-3}
	−15	−4.68	−0.62	2.555	0.020	-3.23×10^{-4}
	−5	−0.92	−0.92	0.585	0.585	-6.36×10^{-3}
W20D1.53	−10	−3.62	−2.70	0.808	0.223	-8.26×10^{-4}
	−15	−8.30	−4.68	0.808	0.000	0.00
	−5	−0.90	−0.90	1.757	1.757	-1.95×10^{-2}
W20D1.58	−10	−3.60	−2.70	3.026	1.269	-4.70×10^{-3}
	−15	−8.20	−4.60	3.177	0.151	-3.28×10^{-4}
	−5	−1.02	−1.02	2.496	2.496	-2.45×10^{-2}
W23D1.58	−10	−3.30	−2.28	5.465	2.969	-1.30×10^{-2}
	−15	−8.20	−4.90	8.745	3.280	-6.69×10^{-3}

表 7.12　分散土的试验结果及计算冻胀系数

试样标号	冻结温度/℃	平均温度/℃	温度差/℃	冻胀量/mm	冻胀增量/mm	计算冻胀系数/℃⁻¹
	−5	−1.06	−1.06	0.223	0.223	-2.10×10^{-3}
W22D1.59	−10	−3.66	−2.60	0.583	0.360	-1.38×10^{-3}
	−15	−8.22	−4.56	0.695	0.112	-2.46×10^{-4}

续表

试样标号	冻结温度/℃	平均温度/℃	温度差/℃	冻胀量/mm	冻胀增量/mm	计算冻胀系数/℃$^{-1}$
	−5	−0.98	−0.98	0.089	0.089	−9.08×10^{-4}
W22D1.55	−10	−3.70	−2.72	0.286	0.197	−7.24×10^{-4}
	−15	−8.20	−4.5	0.342	0.056	−1.24×10^{-4}
	−5	−1.20	−1.2	0.277	0.277	−2.31×10^{-3}
W22D1.63	−10	−3.82	−2.62	1.352	1.075	−4.10×10^{-3}
	−15	−8.16	−4.34	1.737	0.385	−8.87×10^{-4}
	−5	−1.18	−1.18	0.102	0.102	−8.64×10^{-4}
W24D1.59	−10	−3.72	−2.54	0.461	0.359	−1.41×10^{-3}
	−15	−7.70	−3.98	0.837	0.376	−9.45×10^{-4}

　　冻结温度越高，土的冻结速率越慢，冻结过程中的水分迁移时间越长，所产生的冰透镜层越厚，土的冻胀量就越大[7]。选取的三个冻结温度（−5℃、−10℃和−15℃）对应的冻结时间均为 12h，因为在−5℃和−10℃冻结温度下的水分迁移量相对较多，所以冻胀系数较大。而在−15℃冻结温度下，水分迁移已基本完成，所以冻胀系数较小，从表 7.10～表 7.12 中均可见此规律。

　　根据试验所用试样尺寸进行模拟分析，如图 7.8 所示，模型的尺寸为 100mm×100mm×100mm，共划分 27000 个网格，模型周边为自由边界法向固定，底面约束，顶面为自由表面，与冻胀试验的约束条件相同，初始的力学计算采用摩尔-库仑模型，模型参数见表 7.13，其中冻胀系数是主要计算参数，决定冻胀变形的大小。

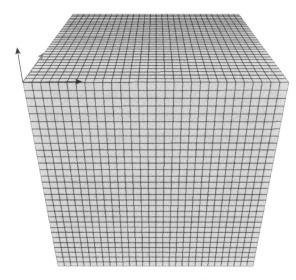

图 7.8　冻胀试验计算模型

表 7.13　冻胀试验模型参数

参数	数值	参数	数值
密度/(g/cm³)	1.944	黏聚力/kPa	72
体积模量/MPa	1.36	冻胀系数/℃⁻¹	见表 7.10～表 7.12
剪切模量/MPa	0.27	导热系数/[W/(m·℃)]	1.4
摩擦角/(°)	13	比热容/[J/(kg·℃)]	1080

　　模型建立完成后，先输入基本力学参数和重力，进行初始静力平衡计算，计算完成后再进行冻胀计算。图 7.9 为含水率为 20%、干密度为 1.60g/cm³ 的黏土试样静力平衡后的初始应力场。

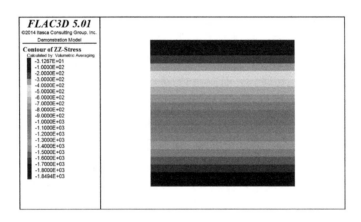

图 7.9　黏土试样初始应力场

　　初始静力平衡后，为了完整呈现冻胀变形，需将三个方向的位移场和速度场初始化，使位移为零。另外，还需定义热力学模型及属性：选取各向同性热导模型，将导热系数、比热容及表 7.10～表 7.12 中所列的计算冻胀系数输入模型中，经模拟分析，得到如表 7.14～表 7.16 的计算结果。

表 7.14　黏土初始模拟计算结果

温度/℃	冻胀量/mm			
	W20D1.60	W20D1.65	W20D1.55	W23D1.60
−5	5.37	1.62	2.72	2.12
−10	9.92	5.03	5.87	7.32
−15	28.60	12.15	5.87	17.08

表 7.15　粉质黏土初始模拟计算结果

温度/℃	冻胀量/mm			
	W20D1.62	W20D1.53	W20D1.58	W23D1.58
−5	1.95	1.94	6.33	6.56
−10	7.71	3.28	12.86	16.35
−15	17.13	3.28	40.82	55.48

表 7.16　分散土初始模拟计算结果

温度/℃	冻胀量/mm			
	W22D1.59	W22D1.55	W22D1.63	W24D1.59
−5	0.60	0.28	0.70	0.26
−10	1.61	0.80	3.46	1.18
−15	3.00	1.29	9.71	2.83

　　冻胀量初始模拟计算结果与试验结果对比如图 7.10 所示，由图可见，初始模拟计算结果约为试验结果的 5 倍。在冻胀量较小时，初始模拟计算结果集中在拟合直线周围；在冻胀量较大时，初始模拟计算结果出现发散现象，误差较大，其原因可能在于试样完全冻结后，实际冻胀量已达到极值，但计算冻胀量却仍在增加，其误差根源在于计算冻胀系数与实际冻胀系数之间存在偏差，进而导致初始模拟计算结果发散失真。尽管如此，在试样未完全冻结前，初始模拟计算结果与试验结果吻合度较高，冻胀模拟分析结果较为可靠。另外，从图 7.10 还可以看出，尽管初始模拟计算结果与试验结果在最终值上存在一定偏差，但两者整体变化趋势一致，具有规律性，为保证计算的准确性，需对冻胀系数进行合理修正。

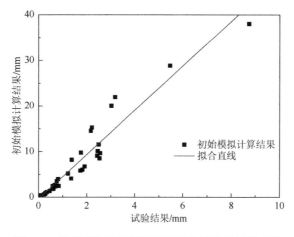

图 7.10　冻胀量初始模拟计算结果与试验结果的对比

7.3.4　冻胀系数修正与模拟分析

温度线膨胀系数是通过式（7.20）计算的，而 α_t 为材料的线性热膨胀系数，此系数适用于均质、线弹性、各向同性连续介质。其原理为，在不同的温度下，材料分子间的距离随温度变化而变化，导致材料线膨胀或线收缩。而对于季冻土这种松散介质，决定热应变的冻胀系数与线性热膨胀系数有本质区别，表现为以下几方面。

（1）冻胀是指土体中的水分在低温时相变成冰，从而导致土体体积增大。

（2）土体在冻结时，为单向冻结，在一定温度下冻结达到稳定后，土体温度并不均匀，而是呈现出随着深度变化而变化的分布特征。

（3）土的碎散性、三相性、天然性决定其具有非均质和时空变异性特点。

因此，在 FLAC3D 的运用中，将线性热膨胀系数直接作为土的冻胀系数时势必要进行线弹性、均质假设，这些假设将导致冻胀量计算失准。由于试样温度分布不均匀，只有低于 0℃ 的部分才会发生冻胀，而前述方法中要根据试样平均温度计算冻胀系数，将温度为负数的全部测温点数据平均化，这与实际状况有所差异。但鉴于模拟结果与真实试验结果变化趋势一致，可考虑在计算冻胀量、计算冻胀系数 $\bar{\eta}$ 与实际冻胀量三者间建立联系，得到更合理的修正后的冻胀系数 η：

$$\eta = \frac{\bar{\eta} L_s}{\tilde{L}} \tag{7.22}$$

式中，L_s 为试验测得的冻胀增量；$\tilde{L}$ 为模拟得到的冻胀量。

按照式（7.22）计算的冻胀系数分别见表 7.17～表 7.19。

表 7.17　黏土修正后的冻胀系数

试样标号	冻结温度/℃	修正后的冻胀系数/℃⁻¹
	−5	-4.51×10^{-3}
W20D1.60	−10	-7.06×10^{-4}
	−15	-7.54×10^{-6}
	−5	-1.74×10^{-3}
W20D1.65	−10	-1.63×10^{-3}
	−15	-3.27×10^{-5}
	−5	-1.50×10^{-3}
W20D1.55	−10	-4.46×10^{-4}
	−15	0.00
	−5	-1.92×10^{-3}
W23D1.60	−10	-2.25×10^{-3}
	−15	-6.41×10^{-6}

表 7.18　粉质黏土修正后的冻胀系数

试样标号	冻结温度/℃	修正后的冻胀系数/℃⁻¹
W20D1.62	−5	-1.26×10^{-3}
	−10	-2.46×10^{-3}
	−15	-4.81×10^{-5}
W20D1.53	−5	-1.92×10^{-3}
	−10	-2.03×10^{-4}
	−15	0.00
W20D1.58	−5	-5.42×10^{-3}
	−10	-1.11×10^{-3}
	−15	-2.55×10^{-5}
W23D1.58	−5	-9.31×10^{-3}
	−10	-4.35×10^{-3}
	−15	-1.06×10^{-3}

表 7.19　分散土修正后的冻胀系数

试样标号	冻结温度/℃	修正后的冻胀系数/℃⁻¹
W22D1.59	−5	-7.87×10^{-4}
	−10	-5.01×10^{-4}
	−15	-5.68×10^{-5}
W22D1.55	−5	-2.89×10^{-4}
	−10	-2.59×10^{-4}
	−15	-3.30×10^{-5}
W22D1.63	−5	-9.12×10^{-4}
	−10	-1.60×10^{-3}
	−15	-1.59×10^{-4}
W24D1.59	−5	-3.45×10^{-4}
	−10	-5.52×10^{-4}
	−15	-2.79×10^{-4}

由表 7.17～表 7.19 可知，修正后的冻胀系数，多数工况表现为−5℃和−10℃冻结温度下的冻胀系数较大，−15℃冻结温度下的冻胀系数较小。模拟路基土为粉质黏土 W20D1.62，其在不同冻结温度下的冻胀系数为：−5℃时为-1.26×10^{-3}，−10℃时为-2.46×10^{-3}，−15℃时为-4.81×10^{-5}。

将按照式（7.22）计算的冻胀系数（表 7.17～表 7.19）再次输入 FLAC3D 中

计算，得到了如表 7.20～表 7.22 所示的冻胀量计算结果，最终模拟计算结果与试验结果的对比如图 7.11 所示，两者比较接近，这种修正既是冻胀系数本身的修正，也包含了分析计算中的系统误差修正，是对计算方法的整体优化。而且通过计算分析，也明确了冻胀系数在分析计算中的重要性。

表 7.20　黏土冻胀量最终模拟计算结果

温度/℃	冻胀量/mm			
	W20D1.60	W20D1.65	W20D1.55	W23D1.60
−5	1.34	0.61	0.74	0.65
−10	2.34	1.84	1.16	2.35
−15	3.45	2.92	1.16	3.78

表 7.21　粉质黏土冻胀量最终模拟计算结果

温度/℃	冻胀量/mm			
	W20D1.62	W20D1.53	W20D1.58	W23D1.58
−5	0.59	0.58	1.74	2.51
−10	2.37	0.90	3.23	5.80
−15	3.62	0.90	5.56	16.42

表 7.22　分散土冻胀量最终模拟计算结果

温度/℃	冻胀量/mm			
	W22D1.59	W22D1.55	W22D1.63	W24D1.59
−5	0.22	0.08	0.27	0.10
−10	0.56	0.25	1.31	0.43
−15	0.89	0.37	2.23	0.93

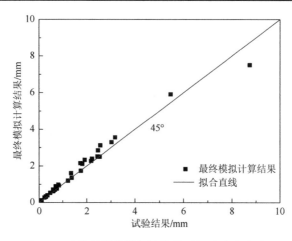

图 7.11　冻胀量最终模拟计算结果与试验结果对比

7.4   路基变形数值模拟

7.4.1   路基变形数值模拟参数选取

数值模拟需要的路基土（粉质黏土）的基本参数包括抗剪强度、体积模量、剪切模量、密度等，其中抗剪强度参数——黏聚力 c 和内摩擦角 φ 通过室内三轴试验获取。同时结合室内三轴试验获得的应力-应变关系曲线和相关资料可得到土体的体积模量、剪切模量和密度，基本参数见表 7.23。

表 7.23   路基土的基本参数

参数	数值	参数	数值
密度/(kg/m³)	1800	体积模量/MPa	1.36
黏聚力/kPa	72	剪切模量/MPa	0.27
内摩擦角/(°)	13		

7.4.2   路基变形数值模型建立

1. 现场断面形式

路基变形分析对象为前面提到的 A 场地，与实际采集到的变形数据进行对比分析，路基剖面及 FBG 测试梁埋设如图 7.12 所示。

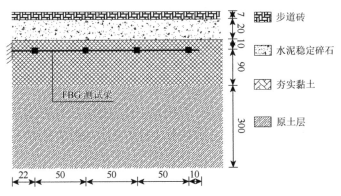

图 7.12   现场布置剖面图（单位：cm）

2. 物性指标

采用室内三轴试验获得路基土的物性指标，结构层材料的物性指标通过查找相关资料获得，如表 7.24 所示。

表 7.24　结构层材料的物性指标

道路结构层	密度/(kg/m³)	体积模量/MPa	剪切模量/MPa	黏聚力/kPa	内摩擦角/(°)
步道砖	1428	4.34×10^3	3.26×10^3	3×10^2	60
水泥稳定碎石	2000	2.75×10^3	2.1×10^3	3.5×10^2	50
夯实黏土	1800	1.36	2.7×10^{-1}	7.2×10	13
原土层	1800	3.91×10^2	1.5×10^1	2	20

3. 接触面

FLAC3D 中可以通过设置接触面单元来模拟不同结构层材料之间的相互作用。例如，图 7.12 中用到步道砖与水泥稳定碎石、水泥稳定碎石与夯实黏土结构之间的相互作用，这里分别将其记为接触面 1、接触面 2。接触面的计算参数主要有黏聚力 c、摩擦角 φ、法向刚度 k_n、切向刚度 k_s，其中 c、φ 取接触面上方结构层参数，k_n、k_s 取接触面相邻区域内等效刚度最大值的 10 倍，即

$$k_n = k_s = 10\left[\frac{\left(K+\frac{4}{3}G\right)}{\Delta z_{\min}}\right]_{\max} \quad (7.23)$$

式中，K 为体积模量；G 为剪切模量；$\Delta z_{\min}$ 选用与接触面相接触的结构中网格单元划分最小的尺寸，具体参数见表 7.25。

表 7.25　路基变形模拟接触面参数选取值

接触面	黏聚力 c/kPa	摩擦角 φ/(°)	法向刚度 k_n/GPa	切向刚度 k_s/GPa
接触面 1	350	50	0.55	0.55
接触面 2	300	60	1.24	1.24

4. 力学阻尼

目前，FLAC3D 动力计算中有局部阻尼、滞后阻尼和瑞利阻尼三种阻尼形式供选择。在 FLAC3D 的静力计算中，局部阻尼应用较多，局部阻尼原理是通过调整节点或结构单元节点上的质量，在计算过程中确保增加的单元和减少的单元质量相等，即保证整个系统的质量不变，从而使计算收敛。局部阻尼相对于其他两种阻尼的优点是在相同条件下可以节省计算时间，但缺点是只适合简单力学问题求解，对于复杂高频输入，会出现"噪声"而导致失真。

滞后阻尼是以阻尼的方式将岩土体的滞后性加入算法中，在动力计算中，滞后阻尼与材料属性无关，在动力作用下，土体的滞回曲线可利用滞后阻尼来构建。但滞后阻尼的使用限制较多，当模型较复杂时，计算结果不够理想。

瑞利阻尼可用来降低结构和弹性体系统的自振振幅，在计算中，刚度矩阵 K 和

质量矩阵 M 构成了动力方程的阻尼矩阵 C，分别用连接节点和地面的阻尼器和连接单元之间的阻尼器来描述瑞利阻尼中的刚度分量、质量分量。通过选取合适的系数可以减小频率对刚度分量和质量分量的影响，也就是说在一定情况下可认为获得的结果不受频率影响，也可以认为使用瑞利阻尼能够描述土体的频率无关性。

在 FLAC3D 提供的三种阻尼形式中，瑞利阻尼采用与常规动力分析方法相类似的原理，而且其计算获得的加速度响应与实际加速度响应最为接近，因此选取瑞利阻尼进行计算。

瑞利阻尼有两个计算参数：中心频率和阻尼比。其中，阻尼比根据土体材料确定，一般情况下也可按照经验方法取值，如在分析大应变动力问题时，取较小的阻尼比 0.5%即可满足要求；瑞利阻尼的中心频率取结构层的自振频率。

在动力计算中，将结构本构关系设定为弹性本构进行计算，不设阻尼，设置合理的边界条件，模型在自重作用下产生振动，选取模型内部某一关键节点进行监测，从而确定自振频率的大小。分析模型有 4 种结构层，各结构层关键点的自振位移时程曲线如图 7.13 所示。

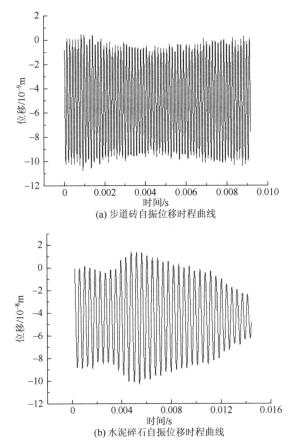

(a) 步道砖自振位移时程曲线

(b) 水泥碎石自振位移时程曲线

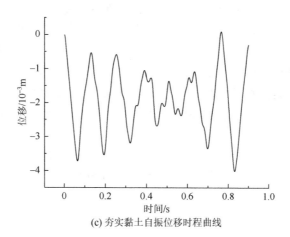

(c) 夯实黏土自振位移时程曲线

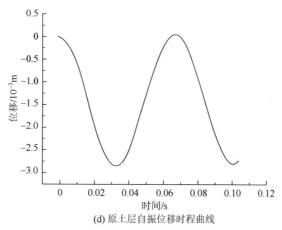

(d) 原土层自振位移时程曲线

图 7.13　各结构层关键点的自振位移时程曲线

图 7.13 记录了各结构层关键点的自振位移时程曲线，完成一个自振周期，各结构层需要的时间分别为：步道砖 0.0001s、水泥稳定碎石 0.0003s、夯实黏土 0.125s、原土层 0.07s。根据自振周期值可以计算出系统的自振频率，得到的各结构层的自振频率如表 7.26 所示。

表 7.26　各结构层自振频率

结构层	步道砖	水泥稳定碎石	夯实黏土	原土层
自振频率/Hz	10000	3333	8	14

5. 荷载形式

采用应力时程输入形式，将现场测试中采集到的动应力值转化为余弦函数形式的荷载，原因如下。

（1）通过现场测试结果分析发现，荷载加载形式与余弦函数形式相类似。

（2）国内外学者在进行车辆荷载下的路基力学特性分析时多采用三角函数形式。

（3）采用余弦函数荷载进行多工况模拟可提高计算效率。

荷载面动应力表达式见式（7.24），其中 p_0 为作用在接触面上的应力值，p 为荷载面动应力，t 为作用时刻。其中，车速为 5km/h 时，荷载余弦函数的周期 T 为 2s。结合现场测试，将车辆前后轮单侧轴载换算为作用在接触面上的应力值 p_0（单景松等[8]采用过类似方法），将现场地秤实测小车轴载换算为接触面上的应力值，分别为 39.6kPa、55.6kPa，施加的荷载与现场测试工况基本相同，加载顺序为先后轮单侧、后前轮单侧。荷载面动应力输入表达式为

$$p = \frac{p_0}{2} \times \left[\cos\left(\frac{2\pi}{T} t \right) - 1 \right] \tag{7.24}$$

荷载面动应力大小随时间变化的时程曲线如图 7.14 所示。荷载作用到路面，垂直于水平面向下，因此为负值。

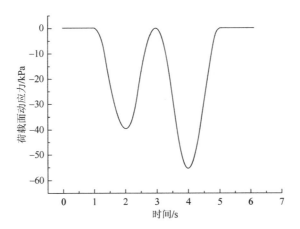

图 7.14　荷载面动应力随时间变化的时程曲线

6. 监测点布置

选取的 8 个监测点均匀布置在距分析模型中荷载作用点下方 0.37m 处的水平面内（与现场试验中的 FBG 测试梁深度一致），对竖向位移变化情况进行监测，监测点截面如图 7.15 所示。

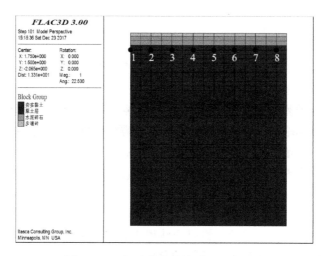

图 7.15　现场试验路段模型监测点截面

7.4.3　可靠性检验

通过 FLAC3D 建立现场试验路段模型，逐一确定 FLAC3D 数值建模中的本构模型、模型参数、阻尼形式、接触面、边界条件、计算域、加载与动力输入等，接下来将模拟现场测试加载工况，并将数值模拟结果与现场测试数据进行对比分析。

计算过程输出各监测点位移时程，规定产生的位移以沿 z 轴正方向为正，模型在荷载作用下产生沿 z 轴的反方向位移，所以为负值。荷载作用下路基的动态变形、路基断面永久变形的数值模拟结果与现场测试结果对比见图 7.16。

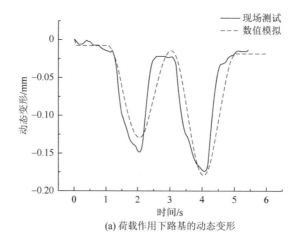

(a) 荷载作用下路基的动态变形

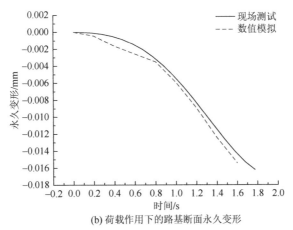

(b) 荷载作用下的路基断面永久变形

图 7.16　数值模拟与现场测试对比

计算施加的荷载为模拟的余弦荷载，与现场的真实车辆荷载作用有一定差别，但数值模拟结果和现场测试结果在数值上偏差不大，且两者变化趋势相同。因此，可以认为数值模拟技术在建模方式及计算分析上总体可靠，模型和方法基本可以反映现场路基在车辆荷载作用下的力学响应，使用 FLAC3D 进行路基变形响应计算具有一定可靠性。

7.4.4　车辆荷载下路基变形模拟分析

在采用数值模拟方法得到初步验证以后，可以考虑在路基变形多工况分析中应用此方法。以现场试验中的 1.4t 车辆荷载为基础，将荷载幅值逐渐增大，采用质量为 6t、10t、13t 的双轴车辆荷载，荷载形式与 1.4t 车辆的荷载形式相同（假定不同轴重车辆的轴距均相同），车速仍为 5km/h，荷载输入表达式同式（7.24），车辆荷载形式如图 7.17 所示。

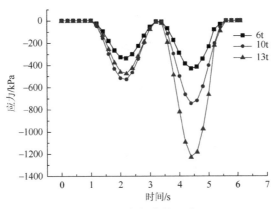

图 7.17　车辆荷载形式

车辆荷载作用下的路基变形云图如图 7.18 所示。

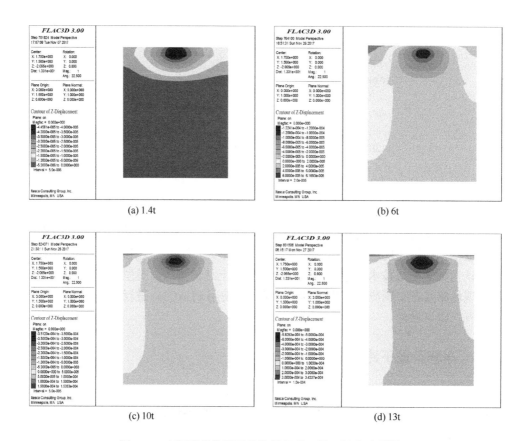

(a) 1.4t

(b) 6t

(c) 10t

(d) 13t

图 7.18　车辆荷载作用下的路基变形云图（见书后彩图）

由图 7.18 可知，路面结构产生的变形较小，其主要作用是将荷载传递给路基。车辆荷载作用处的路基产生较明显的变形，荷载作用对其下方的路基土层产生较大影响，对周边路基和深层土的影响较小，荷载作用下的路基变形呈椭球状分布。

计算过程中各监测点同时记录路基动态变形规律，车辆荷载作用处路基内部监测点的动态变形见图 7.19。

由图 7.19 可知，在单次车辆荷载作用下，动态变形出现两次峰值，由于车辆前后轮轴载不同，出现的峰值大小也不同。荷载幅值越大，路基产生的动态变形越大，其中主要是弹性变形，弹性变形与车辆荷载的关系如表 7.27 所示。

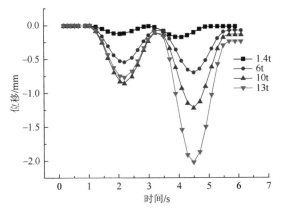

图 7.19　各车辆荷载作用下监测点的动态变形

表 7.27　弹性变形与车辆荷载的关系

车辆荷载	1.4t	6t	10t	13t
弹性变形/mm	0.16	0.62	1.20	1.77
倍数关系	1	3.9	7.5	11.1

由表 7.27 可知，1.4t 车辆荷载产生的弹性变形为 0.16mm，车辆荷载增加到 6t 时产生的弹性变形为 0.62mm（约是 1.4t 车辆的 4 倍）；车辆荷载增加到 13t 时产生的弹性变形为 1.77mm（约是 1.4t 车辆的 11 倍）。由此可见，车辆荷载作用下产生的路基弹性变形呈非线性。

在车辆荷载作用处和车辆荷载作用下产生的路基永久变形如图 7.20 所示。监测点数据显示，随着车辆荷载的增加，路基产生的永久变形也逐渐增加。在车辆质量为 1.4t 时，永久变形为 0.02mm；车辆质量达到 6t 时，永久变形为 0.08mm，当车辆质量达到 13t 时，永久变形为 0.25mm。

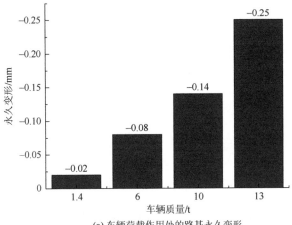

(a) 车辆荷载作用处的路基永久变形

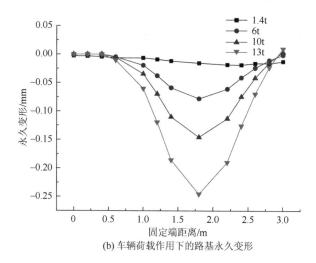

(b) 车辆荷载作用下的路基永久变形

图 7.20　车辆荷载作用处和车辆荷载作用下的路基永久变形对比

7.5　路基冻胀数值模拟

7.5.1　路基冻胀模型建立

1. 路基数值模型的网格剖分

参考实际道路结构，以粉质黏土路基为研究对象，并建立 FLAC3D 数值模拟路基模型，如图 7.21 所示。

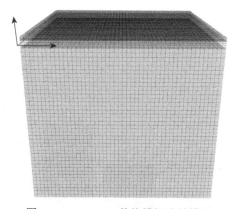

图 7.21　FLAC3D 数值模拟路基模型

图 7.21 中，模型分为三层，分别为 0.20m 厚的沥青混凝土面层、0.45m 厚

的水泥稳定碎石层和 10m 厚的粉质黏土路基。路基模型横断面在 x 轴方向和 y 轴方向的长度均为 12m，分别划分为 48 个网格；模型总深度为 10.65m，超过了冻结最大深度，划分为 46 个网格。在模型侧向及底面施加法向约束，限制模型位移。模型顶面为自由表面，采用摩尔-库仑模型进行初始静应力分析。

2. 路基模型材料参数

路基模型的材料属性参数见表 7.28，其中主要模拟区域为粉质黏土路基，根据冻胀系数计算方法和热力学参数试验结果，对不同负温下不同材料的热力学参数及冻胀系数分别取值。由于路基土冻胀系数和热力学参数随冻结温度变化而变化，计算中必须考虑这一点。以-5℃、-10℃和-15℃温度下的冻胀系数和热力学参数为基准，其他温度下的冻胀系数和热力学参数的确定采用插值法或就近选取的原则，尽量复现不同冻结温度下土体冻胀的真实性质和状态。为避免上部结构层冻胀量影响整体路基冻胀量，将沥青混凝土面层与水泥稳定碎石层的冻胀系数设置为无穷小。

表 7.28　路基模型的材料属性参数

参数	沥青混凝土面层	水泥稳定碎石层	粉质黏土路基	
厚度 h/m	0.20	0.45	10	
体积模量 K/GPa	1.39	2.75	1.36×10^{-3}	
剪切模量 G/GPa	0.46	2.1	0.27×10^{-3}	
摩擦角 φ/(°)	29	50	13	
黏聚力 c/kPa	1.3×10^4	3.5×10^2	72	
密度 ρ/(kg/m³)	2.1×10^3	2.1×10^3	1.94×10^3	
导热系数 λ/[W/(m·℃)]	1.2	1.2	-5℃	1.32
			-10℃	1.51
			-15℃	1.83
比热容 C/[J/(kg·℃)]	920	1101	-5℃	1090
			-10℃	1075
			-15℃	859
冻胀系数 η/℃⁻¹	-1.7×10^{-100}	-1.4×10^{-100}	-5℃	-1.27×10^{-3}
			-10℃	-2.46×10^{-3}
			-15℃	-4.81×10^{-5}

3. 接触面

利用接触面来模拟水泥稳定碎石层与粉质黏土路基、沥青混凝土面层与水泥稳定碎石层之间的相互作用，分别记为接触面 1 和接触面 2。接触面计算参数主要有黏聚力 c、摩擦角 φ、法向刚度 k_n、切向刚度 k_s，由于路基的冻胀作用不会使结构层之间发生滑移，k_n、k_s 取接触面相邻区域内等效刚度最大值的 10 倍，具体参数见表 7.29。

表 7.29　路基冻胀模型接触面参数选取值

接触面	黏聚力 c/kPa	摩擦角 φ/(°)	法向刚度 k_n/GPa	切向刚度 k_s/GPa
接触面 1	350	50	555	555
接触面 2	72	13	444	444

4. 路基模型力学边界条件及初始条件

路基模型的边界条件为模型底面固定，侧向施加法向约束，顶面为自由表面，详见图 7.22。

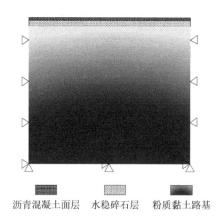

沥青混凝土面层　　水稳碎石层　　粉质黏土路基

图 7.22　路基模型及边界条件

模型的初始竖向应力场主要由土体自重产生，模型的初始应力场用弹塑性求解方法，计算至平衡状态，路基模型初始应力场如图 7.23 所示。

5. 路基温度边界条件及初始条件

在明确路基模型力学边界的前提下，还应明确模型的温度边界条件。根据哈尔滨市勘察测绘研究院的地温监测报告数据，地下 10m 处的温度普遍为 12℃左右，因此将模型底部初始温度设为 12.3℃。为模拟路基在冬季开始时的冻胀情况，取路基模型顶部初始温度为 0.60℃左右，稳定后，路基温度随路基深度呈线性变化。温度计算稳定后，可得到路基模型初始温度和温度场，如表 7.30 和图 7.24 所示。

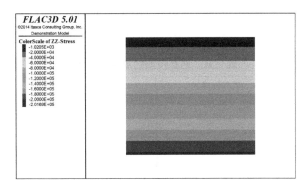

图 7.23　路基模型初始应力场

表 7.30　路基模型初始温度

深度/m	温度/℃	深度/m	温度/℃
0.00	0.60	4.15	5.20
0.65	1.38	4.65	5.75
1.15	1.93	5.15	6.29
1.65	2.47	5.65	6.84
2.15	3.02	6.65	7.93
2.65	3.56	7.65	9.02
3.15	4.11	8.65	10.12
3.65	4.65	9.65	11.21

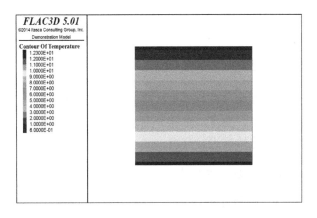

图 7.24　路基模型初始温度场

6. 路基模型监测点布置

进行路基冻胀分析时要考虑温度随深度的动态变化，所以监测点应精准输出整个断面的温度数据，自表面向下每隔一定距离设置一个监测点，如表 7.31 所示。在初始温度场计算完成后，提取监测点所在位置的温度数据，如图 7.25 所示。

表 7.31　路基模型的监测点布置

监测点	路基深度/m	监测点	路基深度/m
1#	0.00	9#	4.15
2#	0.65	10#	4.65
3#	1.15	11#	5.15
4#	1.65	12#	5.65
5#	2.15	13#	6.65
6#	2.65	14#	7.65
7#	3.15	15#	8.65
8#	3.65	16#	9.65

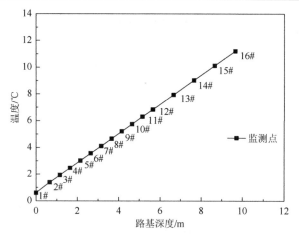

图 7.25　监测点位置与温度的对应关系

7.5.2　冻结温度对路基冻胀的影响

为了更清晰地了解冻结温度对路基冻胀的影响，对路基进行冻结 90 天的数值模拟，将冻结温度作为单一变量，将其分别设置为-5℃、-10℃和-15℃，对路基的冻胀情况和温度场变化情况进行分析。

1. -5℃冻结温度下路基的冻胀情况

图 7.26 和图 7.27 所示分别为-5℃冻结温度下，路基冻胀量随路基深度和时间的变化规律，监测点与路基深度的对应关系见 7.5.1 节部分。

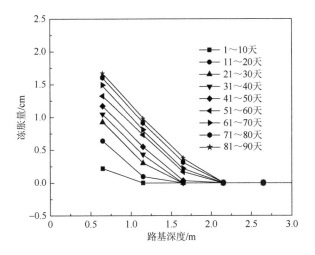

图 7.26　−5℃冻结温度下路基冻胀量随路基深度的变化规律

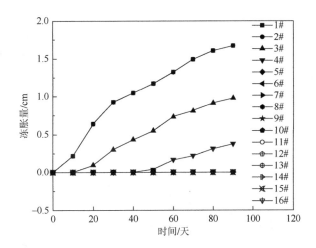

图 7.27　−5℃冻结温度下路基冻胀量随时间的变化规律

由图 7.26 和图 7.27（图中部分曲线重合）可以看出，在−5℃冻结温度下冻结90 天，路基冻胀量在前 30 天增长较快，后 60 天增速减小。随着冻结天数的增加，冻结深度逐渐加深，冻胀量随路基深度的增加而逐渐减小。

图7.28 为−5℃冻结温度下路基温度随路基深度的变化规律，从图中可以看出，划分的 9 个冻结阶段中，温度场的影响深度均不超过 6m，冻结时间越长，6m 以上的温度越低，而 6m 以下的温度则基本不变。冻结时间越长，路基监测点处的温度曲线越趋于平直。

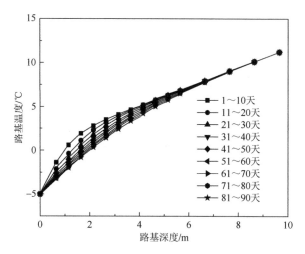

图 7.28　−5℃冻结温度下路基温度随路基深度的变化规律

图 7.29 为位于路基不同深度处的路基温度随时间的变化规律，从图中可以看出，在−5℃冻结温度下，2#～12#监测点温度随冻结时间的增加而逐渐降低，路基温度改变相对于路基深度增加存在一定滞后性，13#～16#监测点处的路基温度基本不变。

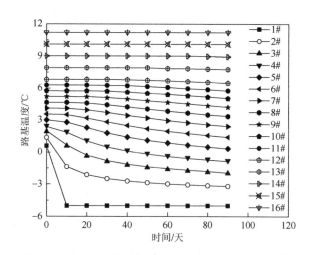

图 7.29　−5℃冻结温度下路基温度随时间的变化规律

2. −10℃冻结温度下路基的冻胀情况

图 7.30 和图 7.31 分别为−10℃冻结温度下路基冻胀量随路基深度及时间的变化规律。

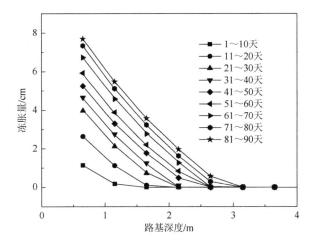

图 7.30 -10℃冻结温度下路基冻胀量随路基深度的变化规律

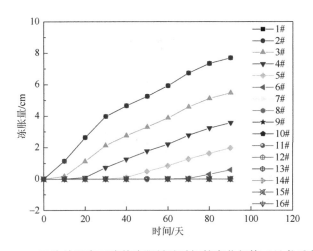

图 7.31 -10℃冻结温度下路基冻胀量随时间的变化规律（见书后彩图）

由图 7.30 和图 7.31（部分曲线重合）可以看出，在-10℃的冻结温度下，路基的冻胀量随着冻结天数的增加而持续增长，且前 30 天增长较快，后 60 天增长较慢，最大冻胀量达到 7.7cm；随着冻结天数的增加，路基的冻结深度不断加深。冻结的 90 天内，1#、3#、4#、5#、6#监测点处发生了冻胀，2#、3#监测点在后 20 天的冻胀量逐渐变小。

图 7.32 为-10℃冻结温度下路基温度随路基深度的变化规律，可以看出，在-10℃冻结温度下的 9 个冻结阶段，温度场的影响深度均在 7m 以上，深度再增加后，温度基本不变。随着冻结时间增加，路基监测点处的温度曲线更加趋于平直。

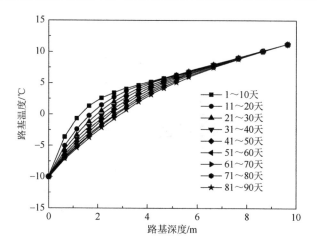

图 7.32　-10℃冻结温度下路基温度随路基深度的变化规律

图 7.33 为路基温度随时间的变化规律，在-10℃的冻结温度下，距路基表面越近，温度越低。2#~13#监测点处的路基温度随冻结时间的增加而呈现不同程度的降低，14#~16#监测点处受冻结温度的影响较小。

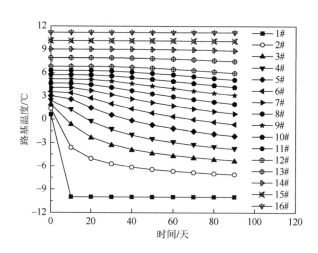

图 7.33　-10℃冻结温度下路基温度随时间的变化规律

3. -15℃冻结温度下路基的冻胀情况

图 7.34 和图 7.35 分别为-15℃冻结温度下路基冻胀量随路基深度及时间的变化规律，由图可以看出，在-15℃冻结温度下，前 30 天内，冻胀量迅速增长；第 31~50 天，冻胀量保持稳定；第 51~90 天，冻胀量缓慢增长，最大冻胀量达

到了 1.51cm。由于−15℃属较低冻结温度，土中的孔隙水迅速冻结，土中的水分迁移量变少，冻胀量也较少。随着冻结天数增加，冻结深度也不断增加，最终达到了 3.81m。

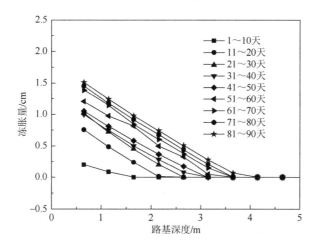

图 7.34　−15℃冻结温度下冻胀量随路基深度的变化规律

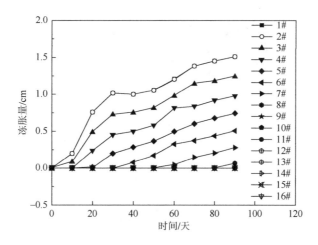

图 7.35　−15℃冻结温度下路基冻胀量随时间的变化规律

图 7.36 为−15℃冻结温度下路基温度随路基深度的变化规律，可以看出，在−15℃冻结温度下的 9 个冻结阶段中，路基温度场的影响深度在 7m 以上，随着深度继续增加，路基温度不再受冻结温度影响。

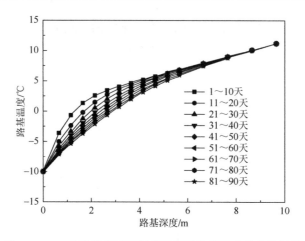

图 7.36　–15℃冻结温度下路基温度随路基深度的变化规律

图 7.37 为路基不同深度监测点处温度随时间的变化规律，在–15℃冻结温度下，2#～14#监测点处的路基温度随冻结时间增加而呈现不同程度降低，15#、16#监测点处受冻结温度的影响较小。

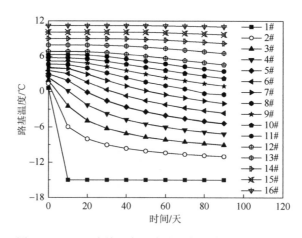

图 7.37　–15℃冻结温度下路基温度随时间的变化规律

7.5.3　全冻结期内的路基冻胀分析

1. 冬季气温的获取

模拟用到的气温数据为哈尔滨市气象局公布的 2015 年 11 月至 2016 年 3 月冬季的日平均气温，如图 7.38 所示。为了简化计算，将整个冻结期平均划分为 12 组，以连续十天的气温平均值作为该组的平均气温，如表 7.32 和图 7.39 所示。

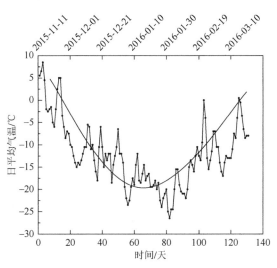

图 7.38 哈尔滨市冬季日平均气温

表 7.32 哈尔滨市冬季每十日的平均气温

	I	II	III	IV	V	VI
天数/天	1～10	11～20	21～30	31～40	41～50	51～60
平均气温/℃	−3.20	−12.70	−10.70	−12.70	−18.15	−16.50
	VII	VIII	IX	X	XI	XII
天数/天	61～70	71～80	81～90	91～100	101～110	111～120
平均气温/℃	−20.45	−21.20	−15.75	−9.45	−13.35	−5.75

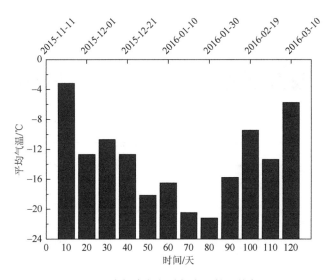

图 7.39 哈尔滨市冬季每十日的平均气温

2. 路基冻胀特征

图 7.40 为通过数值模拟得到的路基在整个冬季的温度场云图。

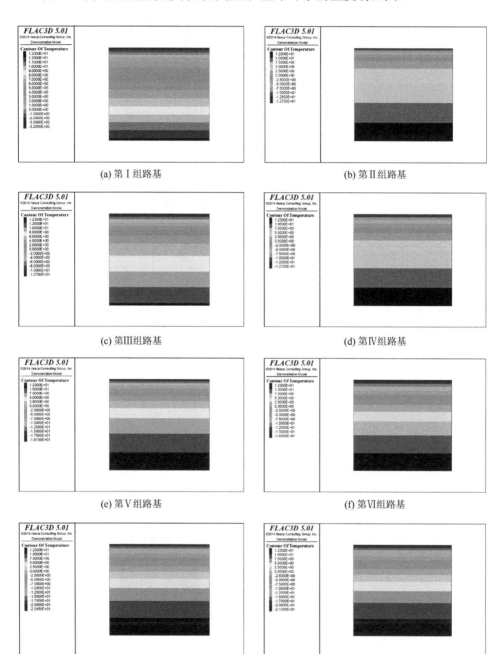

(a) 第 Ⅰ 组路基

(b) 第 Ⅱ 组路基

(c) 第Ⅲ组路基

(d) 第Ⅳ组路基

(e) 第Ⅴ组路基

(f) 第Ⅵ组路基

(g) 第Ⅶ组路基

(h)第Ⅷ组路基

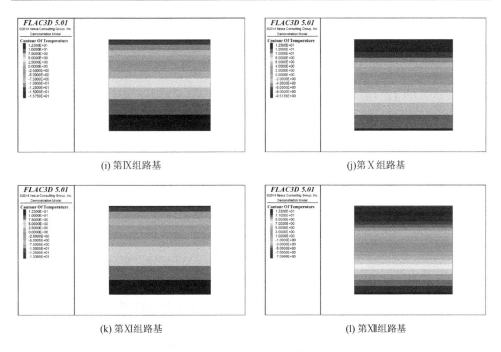

(i) 第IX组路基

(j)第 X 组路基

(k) 第XI组路基

(l) 第XII组路基

图 7.40 路基模型在整个冬季的温度场云图

图 7.41 为冻结深度、冻胀量、冻结温度与时间的关系图，从中可以看出，当冬季来临，气温持续下降时，路基冻胀量和冻结深度均持续增加。在 2015 年 11 月 11 日～2015 年 11 月 21 日期间，施加的冻结温度为–3.2℃，此时冻胀量增长很小，几乎为零，这是因为刚刚进入冬季，受沥青混凝土面层和水泥稳定碎石层的保温作用，粉质黏土路基受气温影响较小，冻结深度不足 1m，其中 0.65m 为路基上部结构层的厚度，说明粉质黏土路基的实际冻结深度仅为 0.35m 左右；在 2015 年 11 月 22 日～2015 年 12 月 21 日期间，路基的冻胀量增长最快，在 12 月 21 日冻胀量达到了 5cm 左右，这是因为当时的冻结温度为–10～–15℃，而气温传递至粉质黏土路基的温度为–7～–10℃，此时路基水分迁移最活跃，冻胀量的增长速率最快；在 2015 年 12 月 22 日～2016 年 1 月 30 日期间，冬季气温下降到了–15℃以下，冻胀量逐渐缓慢增长，这是因为温度越低，土中水分迁移量越少，产生的冻胀量随之变小；2016 年 1 月 30 日,气温达到最低值,此时冻胀量大约为 6.67cm；随着气温逐渐回升，冻胀量仍有小幅增长，最大冻胀量增长至 6.89cm，然后冻胀量仍有微幅波动，在气温回升但依然为负值的情况下，路基冻胀量不再产生较大波动。

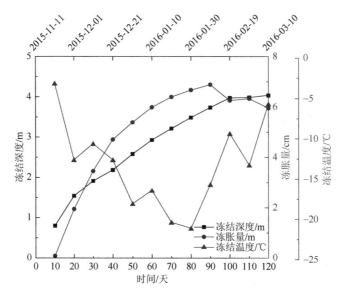

图 7.41　冻结深度、冻胀量、冻结温度与时间的关系

在冬季完整冻结期内，路基冻结深度持续增加，最大冻结深度约为 4m。随着时间推移，冻结温度由高到低再升高，在温度开始逐渐降低到 -10℃ 左右时，冻结深度和冻胀量增长最快，然后当温度继续降低时，冻结深度呈线性增长，冻胀量缓慢增长，原因在于水分迁移速率与温度降低并不成正比，而是有一个门槛温度，从计算结果来看这个温度应在 -10℃ 左右，此时土的冻胀系数最大，温度继续降低，水分迁移速率变慢。因此，尽管冻结深度在持续增大，但冻胀量增速却放缓。当温度重新回升至 -10℃ 后，由于水分迁移基本完成，总的冻胀量变化不大，冻胀量与冻结深度均趋于平稳。

3. 路基温度随时间的变化规律

图 7.42 所示为沿路基深度方向分布的 16 个监测点处温度随时间的变化规律，其中 1# 监测点位于路基表面，温度每隔 10 天取一次平均值。

由图 7.42 可以看出，随着路基深度增加，冻结温度对路基温度的影响越来越小。2#～6# 监测点处的温度变化趋势与冻结温度的变化趋势一致；7#～13# 监测点处前期温度缓慢降低，中期降低较快，在冻结温度升高时，路基温度缓慢降低，说明路基温度相对冻结温度存在时间滞后性；14#～16# 监测点处的路基温度比较稳定，受冻结温度影响不大。

4. 路基温度与冻结时间关系

不同时间段下路基温度随路基深度的变化规律如图 7.43 所示。

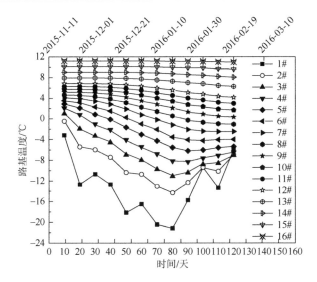

图 7.42　路基温度随时间的变化规律

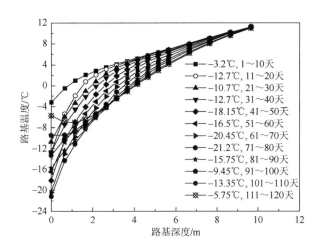

图 7.43　不同时段下路基温度随路基深度的变化规律

从图 7.43 可以看出，前 90 天内，路基温度随路基深度增加而迅速降低，然后缓慢趋于一个定值，之后的 30 天内，随着冻结温度的回升，路基表面温度升高，深层路基的温度则相对稳定。

5. 路基冻胀量随时间的变化

图 7.44 为完整冻结期内路基冻胀量随时间的变化规律。

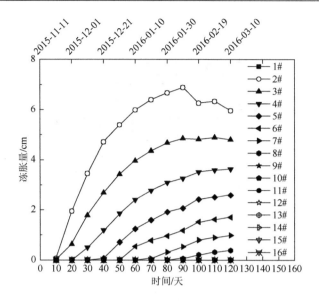

图 7.44　完整冻结期内路基冻胀量随时间的变化规律

图 7.44 中，1#监测点为路基表层位置，2#监测点为粉质黏土路基顶面位置，计算中不考虑结构层冻胀，沥青与水泥稳定碎石的冻胀系数设为无穷小，因此 1# 和 2#监测点处的冻胀量基本相同（两条曲线基本重合）。

由图 7.44 可以看出，2#监测点前 10 天的冻胀量基本为 0，11～40 天冻胀量迅速增大，41～90 天冻胀量缓慢增长，91～120 天冻胀量仍有小幅波动。随着冻结时间的延长，3#～8#监测点处的冻胀量先快速增长后缓慢增长，在 91～120 天内没有明显变化。距路基表层越近，冻胀量越大，最大冻胀量达到了 6.89cm。

6. 不同时段冻胀量随路基深度的变化关系

图 7.45 为不同时段冻胀量随路基深度的变化规律，由图可以看出，随着路基深度的增加，各时段的路基冻胀量先迅速下降后平稳下降至 0cm，在路基一定深度处冻胀量为 0cm，该深度即路基冻结深度。路基冻结深度与材料导热系数和比热容有关。冻结时间越长，冻胀量越大，冻结深度越深。冻结最初的 10 天内冻胀量较小，11～40 天冻胀量增长迅速，41～90 天冻胀量增长缓慢。在温度回升时，冻胀量有微小的波动，冻结 120 天后的冻结深度约为 4m。综上可知，通过数值模拟分析得到的结论较为可靠。

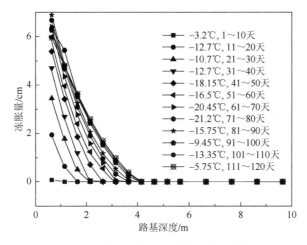

图 7.45　不同时段冻胀量随路基深度的变化规律

7.6　本章小结

本章主要介绍了室内三轴试验、冻胀试验、路基变形及冻胀的数值模拟方法。首先通过室内试验获取试验结果及关键参数，在此基础上利用 FLAC3D 软件对室内及现场试验进行了系统的数值模拟，具体工作及结论如下。

（1）通过模拟室内三轴试验，提出了一种高精度六面体网格剖分方法，计算结果与三轴压缩试验结果吻合较好。运用此方法可部分替代室内三轴试验，提高效率、节约资源。

（2）通过模拟室内冻胀试验，得到了更为合理的冻胀系数，建立了一整套冻胀模拟分析方法。利用路基冻胀分析模型，给出了不同温度下路基冻胀的一般规律，计算得到的冻胀量、冻结深度、冻胀的时空分布特征等均与现场测试相吻合。

（3）通过模拟路基变形，给出了不同车辆荷载下路基的动态变形特性，并与现场路基变形实测数据进行了对比分析。

（4）建立了路基冻胀分析模型，通过大量算例给出了不同温度下路基冻胀的一般规律，为揭示冻胀发生机理及规律提供了方法。

总之，该部分研究工作给出的一整套季冻土性态数值模拟方法可靠、高效、实用，可以为工程咨询、道路设计及防灾减灾提供支持。

参 考 文 献

[1]　孟上九，周健，王淼，等. 车辆荷载下路基变形特性分析[J]. 地震工程与工程振动，2018，38（2）：35-41.

[2]　Wang M，Zhou J，Meng S J，et al. Simulation research of triaxial tests based on FLAC3D[C]. International Conference on Geotechnical and Earthquake Engineering，Chongqing，2018：22-30.

[3]   周健. 车辆荷载下路基变形响应分析[D]. 哈尔滨：哈尔滨理工大学，2018.

[4]   荣广秋. 基于 FLAC3D 的季冻区路基冻胀模拟研究[D]. 哈尔滨：哈尔滨理工大学，2020.

[5]   荣广秋，王淼，孟上九，等. 季冻区典型土类冻胀特性试验研究[J]. 自然灾害学报，2020，29（2）：44-53.

[6]   陈育民，徐鼎平. FLAC/FLAC3D 基础与工程实例[M]. 北京：中国水利水电出版社，2013.

[7]   程培峰，尹传军. 季冻区粉质黏土冻胀特性分析[J]. 公路交通科技，2014，31（1）：44-49.

[8]   单景松，黄晓明，廖公云. 移动荷载下路面结构应力响应分析[J]. 公路交通科技，2007，24（1）：10-13.

彩 图

图 2.14 采用压样法脱模后的试样

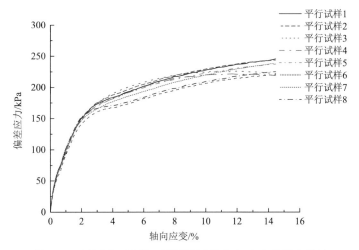

图 2.25 新标准下试样三轴压缩试验应力-应变曲线离散性

图 3.5 冻结的加载杆 图 3.6 处理后负温状态下的加载杆

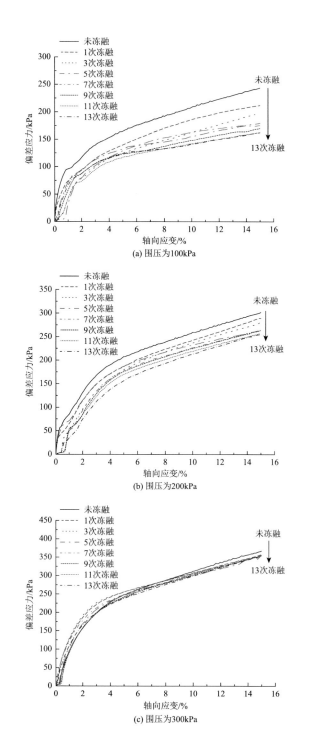

图 3.8 不同围压下黏土的应力-应变曲线

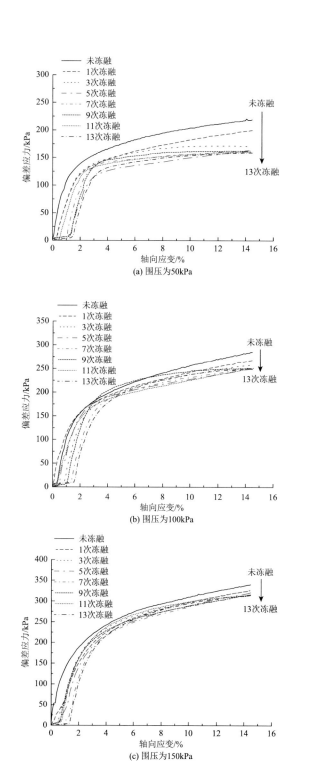

图 3.9　不同围压下粉质黏土的应力-应变曲线

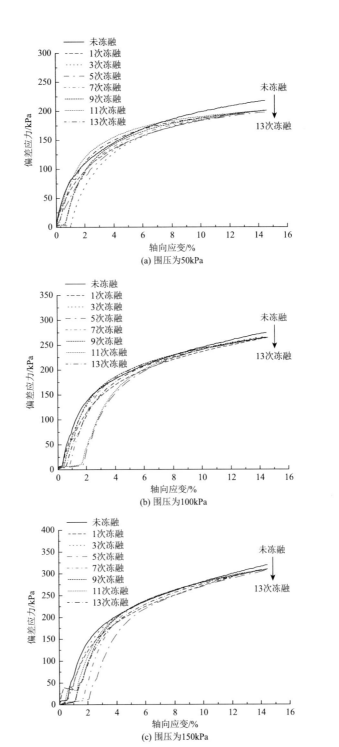

图 3.10 不同围压下粉土质砂的应力-应变曲线

(a) 电路板布局布线图

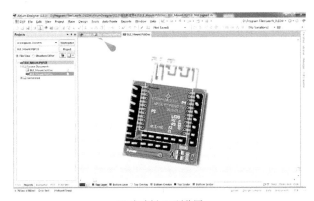

(b) 电路板 3D预览图

图 5.3　电路板原理设计图

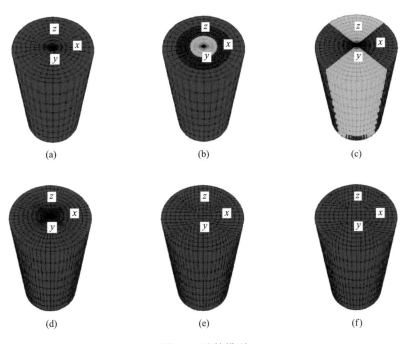

(a)　　　　　　　　　　(b)　　　　　　　　　　(c)

(d)　　　　　　　　　　(e)　　　　　　　　　　(f)

图 7.2　计算模型

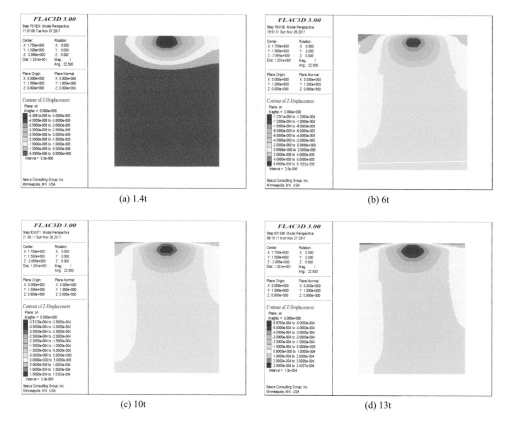

(a) 1.4t

(b) 6t

(c) 10t

(d) 13t

图 7.18 车辆荷载作用下的路基变形云图

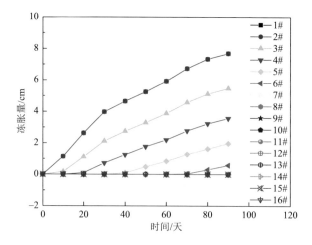

图 7.31 −10℃冻结温度下路基冻胀量随时间的变化规律